V 2141
3

V ~ 19291

PROBLEMES

PLAISANS ET

DELECTABLES, QVI
se font par les nombres.

*Partie recueillis de diuers Autheurs, partie inuentez
de nouueau auec leur demonstration.*

Par CLAVDE GASPAR BACHET, Sieur
de Meziriac.

*Seconde Edition, reueuë, corrigée, & augmentée de plusieurs
propositions, & de plusieurs Problemes, par
le mesme Autheur.*

Tres-vtile pour toutes fortes de personnes curieufes, qui fe feruent
de l'Arithmetique, & Mathematique.

A LYON,

Chez Pierre Rigavd & Associez, ruë
Merciere, au coing de ruë Ferrandiere, à
l'Enseigne de la Fortune.

M. DC. XXIIII.

A MONSIEVR
LE COMTE DE
TOVRNON.

ONSIEVR,

Ie vous offre des jeux, mais qui sont, à mon aduis, dignes de voftre bel esprit, & capables de luy fournir quelques fois vn aggreable diuertissement. I'ay iufte sujet de iuger ainsi, puis que i'ay eu le bonheur de cognoistre par experience, les belles qualitez que vous possedez, & le plaisir que vous prenez aux Mathematiques, & particulierement en cette sorte de jeux, qui se font par les nombres, dont ie vous en ay veu practiquer plusieurs fort heureusement, & mesme vous m'auez fait l'honneur d'en,

á 2

vouloir apprendre de moy quelques-uns.
Ces considerations ont esté les motifs, qui
m'ont porté à vous dedier ce liure, lequel
vous verrez s'il vous plaist, de bon œil,
ayant esgard non tant à sa valeur, qu'à
l'inuiolable affection que vous a voüée,

Vostre tres-humble & tres-
affectionné seruiteur.
CLAVDE GASPAR BACHET.

A MONSIEVR DE
Meziriac, fur fon liure
de Ieux.

SONNET.

Tout ce que le puiffant architecte du monde
   Par fa feule parole a fait voir à nos yeux
   De plus beau, de plus rare, & plus induftrieux
   Dans le ciel, dans la terre, ou dans la mer profonde,
Par des nombres efgaux d'vne mefure ronde
   Se lie, & s'entretient d'vn ordre gratieux,
   Et le Chaos confus regneroit en tous lieux,
   Si chafque chofe eftoit fans nombre vagabonde.
Imitant cet ouurier (BACHET) tu nous fais voir
   Que fur tous les humains tu t'es pleu de fçauoir.
   Des nombres plus cachez l'admirable nature.
Voyre au mefme patron reglant tes actions
   Iufqu'à tes paffe-temps & recreations,
   Tout eft fait, & dreffé par nombre, & par mefure.

Charles le Grand, Aduocat au
fiege Prefidial de Breffe.

ã   3

In Nobiliſſimi C. G. Bacheti luſus Arihtmeticos.

QVeis eſt ingenij decus, vel artis,
    Natura ſtudioꞋue comparatum:
In paruis etiam patere rebus
Poſſunt, nec modicam referre laudem.
Notus lineola fuit vel vna
Qui cunctos ſuperauit arte pictor.
Syluas ſi cecinit Maro, gregeſque,
Sylua conſulibus fuêre digna.
Clades Iliacas Poëta magnus
Qui ſcribit, ſimul ac Vlyſſis acta,
Dum dicit βατραχων μυων τε pugnas
Eſt ſemper ſimilis ſui diſertus.
Sic ludens numeris B A C H E T V S iſtis.
Doctrina geniique ſi feracis
Tantas fundit opes, quid obſtupendum?
Luſus non alios daret B A C H E T V S.

Phil. Coll.

A Mon

A Monſieur de Meziriac, ſur ſes ieux Arithmetiques.

L'Vn preſere au prouffit les douces veluptez,
  L'autre n'appreuue rien qui ne ſoit prouffitable.
  Mais quand on a meſlé l'vtile au delectable
  Alors eſgalement tous s'en ſont contentez.
Tes ieux (mon cher BACHET) doctement Inuentez
  Sçauent bien accoupler d'vn art inimitable
  Le plaiſir au prouffit, & ſont qu'en meſme table
  Chaſcun peut aſſouuir ſes curioſitez.
O que de beaux ſecrets; Mais quoy gentil ouurier
  D'vn labeur ſi parfait ſeras tu ſans loyer?
  Non, tu ne peux manquer d'vne immortelle gloire.
Car aux ſiecles ſuiuans les plus braues eſprits,
  Qui ſe paiſtront ſouuent de tes fameux eſcrits,
  Conſacreront ton nom au temple de memoire

Phil. Coll.

ã   4

IL y a onze ans que ce liure fut premierement imprimé, & que ie volus qu'il fortift en lumiere, tant pour faire vn eſſay de mes forces, que pour ſonder quel iugement on feroit de mes œuures, & à fin qu'il ſeruift comme d'auan-coureur à mon Diophante. Maintenant que i'ay veu, que ce petit ouurage a eſté fauorablement accueilly des plus beaux eſprits de la France, & qu'auec l'ayde du Ciel, Diophante voit le iour, & me rend auſſi la recompence attenduë de mon trauail, il me ſemble qu'auec plus d'aſſeurance ie puis publier ce liure de nouueau, & me promettre qu'il ſera bien reçeu, puis qu'il eſt beaucoup plus accomply qu'il

n'eſtoit

n'eſtoit auparauant. Il eſt vray que
peut-eſtre quelqu'vn s'eſtonnera, de
ce qu'apres auoir fait vne œuure ſi
ſerieuſe, & remplie de ſi profondes
ſpeculations comme eſt le Diophante, ie me ſuis amuſé à des choſes de ſi
petite conſequence,& de ſi peu d'vtilité comme ſont celles que ce liure
contient: mais ie reſpons premierement à celuy qui fera ceſte conſide-
ration, que les liures ſont les enfans
de nos eſprits, & qu'outre l'inclinatiõ
naturelle, qu'ont tous les peres d'ay-
mer leurs enfans generalement, ils
portent encore vne affectiõ particuliere à leurs premiers nez.C'eſt pourquoy ce liure eſtant le premier qui
ſoit parti de ma main,& comme l'enfant premier né de mon eſprit, c'eſt
auec iuſte raiſon, que ie le cheris particulierement, & que ie ne me contente pas de l'auoir mis au monde,
mais ie veux encor prendre le ſoing
de ſa conſeruation,& de ſon accroiſ-

fance. En outre ie ne crois pas, que
ceux qui auront penetré dans ce liure plus auant eue l'efcorce, le iugent
de fi peu de valeur, que feront ceux-
là qui n'en auront leu que le tiltre:car
encor que ce ne foyent que des ieux,
dont le but principal eft de donner
vne honnefte recreation,& d'entrete-
nir auec leur gentilleffe vne compagnie,fi eft-ce qu'il faut bien de la fub-
tilité d'efprit,pour les practiquer parfaictement,& faut eftre plus que me-
diocrement expert en la fcience des
nombres, pour bien entendre les demonftrations, & pour fe fçauoir ayder de plufieurs belles inuentions,
que i'ay adiouftees. Finalement,
pour preuuer encore que ce liure n'eft
point du tout inutile, & que la cognoiffance de ces Problemes peut
feruir grandement en quelque occa-
fion,ie ne veux employer que le tef-
moignage d'Hegefippus au troifiefme liure de la prife de Hierufalem.La

il

il rapporte la memorable hiſtoire de
Ioſephe, ce fameux Autheur qui nous
a laiſsé par eſcrit la meſme guerre des
Iuifs, lequel eſtát gouuerneur dans la
ville de Iotapata, lors qu'elle fut af-
ſiegee, & peu apres emportee d'aſſaut
par Veſpaſian, il fut contraint de ſe
retirer dans vne ciſterne, ſuiui d'vne
trouppe de ſoldats, pour euiter la
premiere fureur des armes victorieu-
ſes des Romains. Mais il courut plus
de fortune de perdre la vie parmy les
ſiens, que parmy les ennemis : Car
comme il eut arreſté de s'aller rendre
à la mercy du vainqueur, ne pouuant
imaginer aucun autre moyen de ſe
garentir de la mort, il treuua ſes ſoldats ſaiſis d'vne telle freneſie, qu'ils
vouloient tous mourir, & s'entretuer
les vns les autres, pluſtoſt que de prendre ce party. Ioſephe s'efforça bien
de les deſtourner d'vne ſi mal-heu-
reuſe entrepriſe, mais ce fut en vain;
car rejettás tout ce qu'il pueſt leur al-
leguer

leguer au contraire, & perſiſtans en
leur opinion, ils en vindrent iuſques
là, que de le menacer, s'il ne s'y por-
toit volontairement, de l'y contrain-
dre par force, & de commencer par
luy meſme l'execution de leur tragi-
que deſſein. Alors ſans doute c'eſtoit
fait de ſa vie, s'il n'euſt eu l'eſprit de
ſe defaire de ces hommes furieux, par
l'artifice de mon 23. Probleme. Car
feignant d'adherer à leur volonté, il
ſe conſerua l'authorité qu'il auoit ſur
eux, & par ce moyen leur perſuada
facilement, que pour euiter le deſor-
dre & la confuſion, qui pourroient
ſuruenir en tel acte, s'ils s'entretuoiét
à la foule, il valoit mieux ſe ranger
par ordre en quelque façon, & commençant à conter par vn bout, maſ-
ſacrer touſiours le tantieſme (l'Autheur n'exprime par le quantieſme)
iuſques à ce qu'il n'en demeuraſt
qu'vn ſeul, lequel ſeroit obligé de ſe
tuer ſoy-meſme. Tous eſtans de cet
accord,

accord, Iosephe les disposa de sorte,
& choisit pour luy vne si bonne place, que la tuerie estant continuee iufques à la fin, il se trouua seul en vie,
ou peut estre encore qu'il sauua quelques vns de ses plus affidez:& de ceux
desquels il se pouuoit promettre vne
entiere & parfaicte obeïssance. Voyla
vne histoire bien remarquable,& qui
nous apprend assez , qu'on ne doit
point mespriser ces petites subtilitez,
qui aiguisent l'esprit, habilitent l'hô-
me à des plus grandes choses, & ap-
portent quelquesfois vne vtilité non
preueuë.

Reste que i'aduertisse le Lecteur,
que ceste seconde edition est beaucoup plus accomplie, que la premiere: car outre qu'elle est plus corre-
cte, elle est augmentee de plusieurs
Problemes, & de la demonstration
parfaicte du Probleme, qui estoit
le cinquiesme en la premiere edition, & qui est le sixiesme en ceste-
cy.

cy. A cet effect i'ay tiré vne dixaine
de propofitions de mes Elemens A-
rithmetiques, pour les rapporter icy,
confiderant que ie ne pouuois pas fi
promptement mettre en lumiere ce
liure là des Elemens, & que neantmoins ie ne deuois pas fouffrir, que
ce petit ouurage demeuraft fi long-
temps imparfaict.

Quant à ce qui eft requis pour la
parfaicte intelligence,& pour la practique de ces Problemes, ie puis af-
feurer que tout homme de bon efprit, en pourra comprendre, & practiquer la plus grand'part. Il eft vray
qu'il y en a quelques vns, qui ne
pourront parfaictement eftre mis en
practique, que par ceux qui fçauent
les premieres regles de l'Arithmetique. Pour les demonftrations, elles
font pour les plus doctes:car elles fup-
pofent la cognoiffance du feptiefme,
huictiefme,& neufuiefme liure d'Euclide, & encore quelque propofitions

tions du ſecond appliquees aux nombres, & quelques definitions, & propoſitions du cinquieſme.

En fin i'admoneſte ceux qui vou
dront mettre ces ieux en vſage , & en
auoir du contentement , qu'ils prennent le ſoing de les faire auec vne
telle dexterité , qu'on n'en puiſſe pas
aiſément deſcouurir l'artifice ; Car ce
qui rauit les eſprits des hommes, c'eſt
vn effect admirable dõt la cauſe leur
eſt incognuë. C'eſt pourquoy ſi l'on
fait pluſieurs fois de ſuitte le meſme
ieu, il faut touſiours y apporter quelque diuerſité, le faiſant en differentes
façons, ainſi que i'enſeigne aux ad-
uertiſſemens , que ie donne apres les
demonſtrations, qui pour ceſte cauſe
doiuent eſtre leus diligemment , &
& bien conſiderez.

PRO

PROPOSITION
PREMIERE.

❧❧

Si vn nombre donné se multiplie par vn autre, & le produit se diuise encor par vn autre, il y aura telle proportion du nombre donné au quotient de la diuision, qu'il y a du diuiseur au multiplicateur.

A 8.		
B 3.	C 4.	
D 24.	E 6.	

SOIT le nombre donné A. lequel multiplié par B. produise le nombre D; & diuisant D par C, soit le quotient E. Ie dis qu'il y a telle proportion de A.nombre donné au quotient E, qu'il y a du diuiseur C.au multiplicateur B. Car puis que C diuisant D, fait le quotient E, il est certain que C E multipliez ensemble produisent D; mais aussi par l'hypotese, A B. multipliez ensemble, produisent le mesme D. Doncques par la 19. du 7.d'Euclide il y a telle proportion de A, à E, que de C, à B. Ce qu'il falloit demonstrer.

A

PROPOSITION II.

S'il y a quatre nombres proportionaux, & qu'on multiplie le premier & le troisiesme par vn mesme nombre ; le multiple du premier aura telle proportion au second, que le multiple du troisiesme au quatriesme.

A 2. B 4.	E 10.
G 5.	
C 3.	D 6. F 15.

SOient quatre nombres proportionaux A B. C. D. à sçauoir qu'il y ait telle proportion de A, à B. que de C. à D. & qu'on multiplie les deux A C. premier & troisiesme par le mesme nombre G. & soient les produits. E F. Ie dis qu'il y a telle proportion de E à B. que de F. à D. Car puisque il y a telle proportion de A à B que de C à D. il y aura, par la proportion alterne, telle proportió de A à C, que de B à D. Or pource que le mesme G multipliant A & C, produit E & F, il y a telle proportion de E à F que de A à C, doncques aussi il y a telle proportion de E à F que de B à D, & alternatiuement, telle proportion de E à B. que de F à D. Ce qui se deuoit demonstrer.

PROPOSITION III.

Si trois ou plusieurs nombres se multiplient ensemble, le produit sera tousiours le mesme, en quelle façon, & par quel ordre qu'on les multiplie.

EVCLI

EVCLIDE ayant demonstré en la 16. du 7. que de deux nombres soit qu'on multiplie le premier par le second, ou le second par le premier, le produit est tousiours le mesme. Ie veux icy preuuer que le semblable aduient en trois, ou plusieurs nombres. Or trois ou plusieurs nombres se disent estre multipliez ensemble, lors qu'on en multiplie deux ensemble, & le produit par vn autre & ce produit derechef par vn autre, & ainsi tant qu'il y a aura de nombres.

A 2.	B 3.	C 4.
D 6.	H 8.	F 12.
E 24.	K 24.	G 24.

SOIENT donc premierement proposez trois nombres A. B. C. & multipliant A par B soit fait D. lequel multiplié par C produise E : Puis changeons d'ordre, & multiplions B par C & soit fait F. qui multiplié par A produise G. Changeons derechef d'ordre & multiplions A par C, & soit fait H, lequel multiplié par B produise K (Car voilà toutes les differentes façons que peuuent admettre trois nombres se multiplians ensemble) Ie dis que les trois produits E. K. G. font vn mesme nombre. Car puisque B multipliant les deux A. C. produit D. F. il y a telle proportion de A. à C, que de D. à F. donc le mesme nombre se produit multipliant A par F, & C. par D. par la 19. du 7. Partant E & G font vn mesme nombre. Semblablement puisque C multipliant A & B, produit H & F. il y a telle proportion entre A & B, qu'entre H & F. Partant le mesme nombre se faict multipliant A par F & B par H.

Doncques K G sont vn mesme nombre. Par consequent tous les trois E.K.G. sont vn mesme nombre. Ce qu'il falloit preuuer.

Maintenant soyent proposez quatre nôbres A.B.C.D. & multipliant A par B, & le produit par C. soit fait E. qui multiplié par D. fasse K.

E 24.	F 60.		
A 2.	B 3.	C 4.	D 5.
G 12.			
K 120.	H 120.		

Puis changeans d'ordre, & multipliant D par C. & le produict par B, soit fait F.qui multiplié par A. produise H. Ie dis que K. H. sont vn mesme nombre, & que le mesme nombre se produira tousiours en quelque autre façon, qu'on multiplie ensemble les quatre nôbres A.B.C.D. Car puisque multipliâs ensemble d'vn costé les trois A. B. C; & d'vn autre costé les trois D.C.B. nous trouuons les deux B. C. d'vn costé & d'autre, multiplions B.C.ensemble, & soit faict G. Or parce qui a esté demonstré en trois nombres le mesme E.qui se fait multipliant A par B, & le produit par C, le mesme E,dis-je,se fera aussi multipliât B par C,& le produict(à sçauoir G) par A. semblablement nous prouuerons, que F se feroit multipliant D par G.Puis donc que le mesme G.multipliât les deux A.D.produit E F. il y a telle proportion entre A D, qu'entre E F, Partant le mesme nombre se fait, multipliant A par F, & D par E. Doncques K.H. sont vn mesme nombre.Or par semblable moyen nous prouuerons tousiours le mesme. Car de quatre nombres, en multipliant trois ensemble d'vn costé,& trois d'vn autre,il se rencontrera tousiours

iours, que de trois pris d'vn costé & d'autre ˙ il
y en aura deux qui serőt les mesmes, & par ainsi la mesme demonstration aura tousiours lieu.

Semblablement si l'on propose cinq nombres, i'en prendray quatre d'vn costé, & quatre
d'vn autre, & s'en treuuera tousiours trois qui
feront les mesmes d'vn costé & d'autre. Ainsi
m'aidant de ce qui a esté demonstré en trois &
en quatre nombres, ie parferay la demonstration d'vne mesme sorte. Et si l'on propose six
nombres, ie me seruiray de ce qui aura esté demonstré en cinq ˙ & ainsi tousiours, si l'on en
propose d'auantage. Doncques le moyen de la
demonstration est vniuersel, & applicable à
toute multitude de nombres.

ADVERTISSEMENT.

Ce mesme Theoreme d'vne autre façon a esté de-
monstre par Clauius sur la 1 9. du 8. Mais de com-
bien ma demonstration soit plus briesue & plus claire
que la sienne, i'en laisse le iugement au prudent le-
cteur. Certes cette proposition est fort vtile & impor-
tante, non seulement à cause des problemes suiuans,
mais aussi pour faciliter la demonstration de plusieurs
autres beaux Theoremes, comme ie feray voir, Dieu
aydant, en mon liure des Elemens Arithmetiques.

PROPOSITION IV.

De tout nombre pairement pair, la
moitié est vn nombre pair.

A 24.
B. 12.

SOit A nombre pairement pair,
dont la moitié soit B. Ie dis que
B est vn nombre pair ; Car si B estoit

A   3

impair , le nombre A feroit pairement impair feulement par la 33. du 9. Ce qui eft contre l'hypotefe. Donc il faut que B foit pair. Ce qui fe deuoit demonftrer.

ADVERTISSEMENT.

La conuerfe de cefte propofition , à fçauoir que tout nombre, dont la moitié eft nombre pair, eft pairement pair, eft trop euidente ; car puifque multipliant la moitié d'vn nombre pair par 2. on fait le mefme nombre, fi icelle moitié eft nombre pair, eftant multipliee par 2. qui eft auffi pair, infailliblement le produit fera nombre pairement pair par la definition.

PROPOSITION V.

De tout nombre pairement impair feulement , la moitié eft vn nombre impair.

A	10.
B	5.

CEfte propofition eft la conuerfe de la 33. du 9. Soit A nombre pairement impair feulement, & fa moitié foit B. Ie dis que B eft impair ; car fi B eftoit pair, le nombre A feroit pairement pair par l'Aduertiffement de la precedente propofition. Ce qui eft contre l'Hypotefe. Donques B eft impair. Ce qu'il falloit demonftrer.

PROPOSITION VI.

Tout nombre pairement pair, eft mefuré par le quaternaire ; & tout nombre que le quaternaire mefure, eft pairement pair.

Soit

```
A . . . . . . C . . . . . B
        G 4.    D 2.
```

SOIT A B. nombre pairement pair, duquel la moitié soit C B nombre pair, par la 4. de ce liure. & soit G. le quaternaire. Ie dis premierement que G mesure le nombre A B. Car prenant le binaire D, qui est la moitié de G, il est euident qu'il y a telle proportion de D à G, que de C B, à A B. & par la proportion alterne il y a mesme proportion de D. à C. B. que de G. à A B. Mais D mesure C B (car tout nombre pair quel est C B, comme il a esté preuué, est mesuré par le binaire) doncques G pareillement mesure A B.

En apres posons que le quaternaire G. mesure quelque nombre comme A B. Ie dis que A B. est pairement pair. Car en premier lieu il est certain que A B. est pair, d'autant qu'il est mesuré par vn nombre pair quel est G, comme on recueillit de la 21. du 9. Partant prenons la moitié de A B, qui soit C B. Lors comme au parauant il y aura telle proportion de C B à A B, que du binaire D. au quaternaire. G. & alternatiuement telle proportion de C B à D. que de A B. à G; mais A B est mesuré par G par l'Hypotese. Donques aussi C B. sera mesuré par D. Partant C B est nombre pair; Par côsequent A B est pairement pair par l'aduertissement de la 4. de ce liure. Donques il appert de la verité de ce qu'il falloit demonstrer.

PROPOSITION VII.

Tout nombre qui surpasse du binaire quel-

*que nombre pairement pair, eft pairement
impair feulement.*

`| A . . C . . . . . . . . B |`

SOit le nombre A B furpaffant du binaire A C, le nombre C B pairement pair, Ie dis
que A B eft pairement impair feulement. Car
en premier lieu que A B foit pair, il eft euident
par la 2 1.du 9.d'autant qu'il eft cōposé de deux
nombres pairs A C. C B. En apres que ledit A
B foit feulement pairement impair, ie le preuue
ainfi. S'il eftoit pairement pair, il feroit mefuré
par le quaternaire par la precedente. Or C B.
qui par l'Hypothefe eft pairement pair, eft pour
mefme raifon mefuré par le mefme quaternaire. Doncques le binaire A C reftant, feroit auffi mefuré par le quaternaire, chofe impoffible.
C'eft pourquoy A B. ne peut eftre que pairement impair. Ce qu'il falloit preuuer.

PRPOSITION VIII.

*Tout nombre pairement impair feule-
ment, furpaffe du binaire quelque nombre
pairement pair.*

`| A . . G . . . . . C . D . . . . . . B |`

C'Eft la cō-
uerfe de la
precedente. Soit A B nombre pairement impair
feulement. Ie dis qu'il furpaffe de deux quelque
nombre pairement pair. Car puifque A B. eft
pair, foient fes deux moitiez A C. C B. qui feront nōbres impairs par la 5.de ce liure. Doncq-
ques de C B. oftant l'ynité C D. le refte D B.
fera

fera nombré pair. Ie prends le double de D B.
qui foit G B nombre pairement pair par l'ad-
uertiſſement de la 4. de ce liure. Alors d'autant
que tout A B a meſme proportion à tout C B.
que le nombre oſté G B. a l'oſté D B. (Car d'vn
coſté & d'autre il y a proportion double.) Il
s'enſuit auſſi que le reſte A G. au reſte D C. a
la meſme proportion double, par la 11. du 7.
Or C D. eſt l'vnité par la conſtruction, doꝛc
A G eſt le binaire. Par conſequent ayant eſté
preuué, que G B. eſt pairement pair ; Il eſt éuident que A B. ſurpaſſe vn pairement pair G B.
du binaire A G. ce qu'il falloit demonſtrer.

PROPOSITION IX.

Si l'on adiouſte enſemble deux nombres,
l'vn pairement pair, & l'autre pairement
impair ſeulement, le compoſé ſera paire-
ment impair ſeulement.

```
| A.... C...... B |
```

A V nombre pai-
remét pair A C
ſoit adiouſté le nombre C B pairement impair
ſeulement. Ie dis que le compoſé A B. eſt pairement impair ſeulement. Car s'il eſtoit pairement pair, le quaternaire le meſureroit par la
6. de ce liure. Or d'autant que par l'hypotheſe
A C eſt pairement pair, le quaternaire le meſure auſſi, par la meſme raiſon. Doncques le
meſme quaternaire meſureroit auſſi le reſtant
C B. & par conſequent C B. ſeroit pairement
pair. Ce qui eſt impoſſible, ayant eſté ſuppoſé

A 5   qu'il

qu'il eſt pairement impair ſeulement. Doncques A B. ne peut eſtre que pairement impair. Ce qu'il falloit demonſtrer.

PROPOSITION. X.

Si l'on multiplie un nombre pairement pair, par quel nombre que ce ſoit, le produit ſeṛa nombre pairement pair.

A 8. B 3.
C 24.

L E nombre pairement pair, A. ſoit multiplié par B quel nombre qu'on voudra, & ſoit le produit C. Ie dis que C. eſt nombre pairement pair. Car puiſque A pairement pair meſure C. & le quaténaire meſure A par la 6. de ce liure. Il faut auſſi que le quaternaire meſure C. Doncques C. eſt pairement pair par la meſme propoſition. Ce qu'il falloit preuuer.

PROPOSITION XI.

Si l'on multiplie quelque nombre pairement pair ſeulement par un nombre impair, le produit ſera pairement impair ſeulement.

A 6. B 5.
D 3. E 15.
C 30.

S Oit vn nombre A pairement impair ſeulement, qui multiplié par B. nôbre impair produiſe C. Ie dis que C eſt pairement impair ſeulement, Ie prends D. la moitié de A & multipliant D par B. ſoit produit E. Il eſt éuident

dent

dent que E. eſt la moitié de C. Car puis que B
multipliant A fait C. le meſme B. multipliant
la moitié de A. fera la moitié de C. Or eſt-il
que D. eſt nombre impair par la 5. de ce liure.
Par conſequent multipliant enſemble les deux
impairs B D. le produit E. eſt impair par la 29.
du 9. Doncques C. (duquel la moitié E. eſt
nombre impair) eſt neceſſairement nombre
pairement impair ſeulement par la 33. du 9. Ce
qu'il falloit demonſtrer.

PROPOSITION XII.

Si l'on multiplie quelque nombre pai-
rement impair ſeulement par un nombre
pair, le produit ſera nombre pairement
pair.

CEcy eſt euident par la definition meſme
du nombre pairement pair : car ce produit eſt fait de la multiplication de deux nombres pairs.

PROPOSITION XIII.

Tout nombre plus grand que trois eſt
pairement pair, où il ſurpaſſe quelque
nombre pairement pair de un, ou bien
de deux, ou bien de trois.

```
A . . . . . . . . B.
A. C . . . . . . . .B.
A..C . . . . . . . B
A... C . . . . . . .B
```

SOit proposé le nombre A B plus haut que trois. Ie dis que A B est pairement pair, ou vrayement qu'il surpasse quelque nombre pairement pair, d'vn, ou de deux, ou de trois. Car puis que A B est plus haut que trois, il faut qu'il soit quatre, ou plus grand que quatre : si c'est quatre, c'est vn nombre pairement pair par la 6. de ce liure : s'il est plus grand que quatre, ou quatre le mesure, & par ainsi il est pairement pair par la mesme proposition ; ou bien ostant quatre de A. B. tant de fois qu'on peut, il reste quelque chose, comme A C. Or est-il que AC. ne peut estre qu'vn, ou deux ou trois (car autremét on n'auroit pas osté quatre tant de fois qu'on pourroit) & CB. estant mesuré par quatre, est nombre pairement pair par la 6. de ce liure. Doncques A B. surpasse vn nombre pairement pair, d'vn ou de deux, ou de trois. Partant nous auons entierement preuué ce qu'il falloit demonstrer.

PROPOSITION XIV.

S'il y a quatre nombres proportionaux, diuisant le premier par le second, on aura le mesme quotient, que diuisant le troisiesme par le quatriesme.

```
A 18.    B 6.    C 12.    D 4.
         E 3        1.
```

SOient A B. C D. quatre nóbres porportion

portionnaux : c'est à sçauoir, qu'il y ait telle proportion de A. à B. que de C. à D. & diuisant A par в. soit le quotient E. Ie dis que le mesme E se produira diuisant C par D. Car puisque diuisant A par B, le quotient est E, il y a telle proportion de A, à B. que de E, à l'vnité, par la definition de la diuision. Mais par l'hypothese il y a mesme proportion de A à в. que de C. à D. Doncques il y a aussi mesme proportion de C. à D. que de E à l'vnité. Par consequent il appert par la definition de la diuision, que diuisant C par D, le quotient est E Ce qu'il falloit demonstrer.

ADVERTISSEMENT.

On peut tirer d'icy, à cause de la proportion conuerse, que diuisant le second par le premier, on produit aussi le mesme quotient, que diuisant le quatriesme par le troisiesme : & à cause de la proportion alterne, on produit le mesme quotient, soit qu'on diuise le premier par le troisiesme, soit qu'on diuise le second par le quatriesme : & derechef par la proportion conuerse, on produit le mesme quotient diuisant le troisiesme par le premier, & le quatriesme par le second.

PROPOSITION XV.

Deux nombres premiers entre eux estant donnez, le moindre multiple de chacun d'iceux, surpassant de l'vnité l'autre nombre, ou quelque sien multiple, est moindre que

le

le plus petit nombre qui soit mesuré par les deux nombres donnez.

A 5. B 3. C 10. D 9.	
E.————F.——G—H.	

SOient donnez les nombres premiers entr'eux A & B. & soit le nombre C. le moindre multiple de A surpassant de l'vnité le nombre D esgal a B. ou multiple de B. & soit E F. le plus petit nombre mesuré par A & par B. Ie dis que C.est moindre que E F. Car s'il n'est pas moindre, ou il est esgal a E F. ou il est plus grand que E F. Qu'il soit esgal, c'est chose impossible: Car cela supposé il s'ensuiura que le nombre B mesurera le nombre D C. mais le mesme B. mesure aussi D. Doncques le mesme B. mesurera l'vnité restante, de laquelle C surpasse D. ce qui est impossible. Que si l'on dit que C. est plus grand que E F. supposons qu'il le surpasse de F H. tellement que E H. soit esgal à C. En premier lieu ie dis que F H. est plus grand que l'vnité, à cause que A mesurant tout le nombre E H. qui est esgal à C. & mesurant aussi E F. le mesme A mesure encor le restant F H. dont s'ensuit que F H. est plus grand que A. ou pour le moins esgal à A. Doncques puis que F H. est plus grand que l'vnité, retranchons en l'vnité G H. alors le nombre E H. surpassera de l'vnité le nombre E G. & par consequent D. sera esgal à E G. puis que C est esgal à E H. & B mesurera E G. Partant puis que B. mesure les nombres E G. E F. il mesure aussi le restant F G. mais nous auons preuué que A mesure

assiu

aussi F H. & il est euident que F H. surpasse
F G. de l'vnité. Doncques F H. est vn multiple
de A surpassant de l'vnité vn multiple de B. &
neantmoins F H. est moindre que E H. c'est à
dire que C. Doncques C. n'est pas le moindre
multiple de A surpassant de l'vnité vn multiple
de B contre l'hypothese. La mesme contradi-
tion s'ensuiura si on dit que le moindre multiple de B surpassant de l'vnité vn multiple de A
n'est pas moindre que E F. Doncques il appert
de la verité de nostre proposition.

ADVERTISSEMENT.

*En cette proposition & aux suiuantes, i'appelle vn
nombre multiple de l'autre : toutesfois & quantes que
l'autre le mesure, suiuant la definition 5. du 7. d'Euclide. Toutesfois ie ne requiers point qu'vn nombre
soit plus grand que l'autre, pour estre son multiple:
mais il me suffit qu'il luy soit esgal, & ie dis souuent
qu'vn nombre est multiple de soy-mesme, à cause qu'il
se mesure soy-mesme ; c'est à dire, il se contient soy-
mesme vne fois iustement.*

PROPOSITION XVI.

*Deux nombres premiers entr' eux estant
donnez, on ne pourra pas trouuer deux
differens multiples de l'vn, dont chascun
surpasse de l'vnité quelque multiple de
l'autre, & qui soient tous deux moindres
que le plus petit nombre qui soit mesuré
par les deux nombres donnez.*

Soient

```
A 5. B 3. C 15.
E——K-F.——G-H.
```

SOient les nombres donnez A B. & le plus petit nombre qu'ils mesurent, soit C. Ie dis qu'on ne peut trouuer deux differents multiples de A. surpassans de l'vnité quelques multiples de B. & qui soient tous deux moindres que C. car s'il s'en peut trouuer deux differens, l'vn sera plus grand que l'autre. Soit donc le plus grand E H. le moindre E F, tellement que A mesure l'vn & l'autre, & qu'ostant de l'vn & de l'autre l'vnité G H. & l'vnité K F. les restans E G. E K. soient multiples de B. cela supposé, puis que A mesure E H. & E F. il mesure aussi le restant F H. De mesme puis que B. mesure E G. & E K. il mesure aussi le restant K G. ou F H. qui est esgal à K G. à cause des vnités esgales K F. G H. adioustées d'vn costé & d'autre au mesme nôbre F G. Donques A & B. mesurent F H. Ce qui est impossible, d'autant que F H. est moindre que E H. & E H. est moindre que C. par l'hypothese, & C. est le plus petit nombre mesuré par A. & par B. doncques la proposition est veritable.

COROLLAIRE.

Il s'ensuit que deux nombres estans donnez, si l'on treuue vn multiple de l'vn d'iceux, surpassant de l'vnité vn multiple de l'autre, & moindre que le plus petit nombre mesuré par les deux nombres donnez, iceluy multiple est le moindre qui fasse vn semblable effect : car s'il s'en treuuoit encore vn moindre, on en auroit deux differens, & tous deux moindres que le
plus

plus petit nombre mesuré par les nombres donnez dont le contraire a esté demonstré.

PROPOSITION XVII.

S'il y a deux nombres premiers entre
eux, & que du nombre surpassant de l'v-
nité, le plus petit nombre qu'ils mesurent, on
oste le moindre multiple du premier surpas-
sant de l'vnité quelque multiple du second:
le reste sera esgal au moindre multiple du
second surpassant de l'vnité quelque multi-
ple du premier.

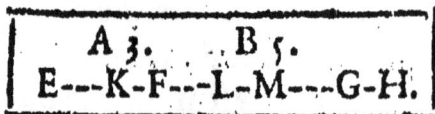

A 3.   B 5.
E---K-F---L-M---G-H.

SOient A & B
nombres pre-
miers entre eux, &
soit E G le plus petit nombre qu'ils mesurent,
auquel soit adioustée l'vnité G H. & de tout le
nombre E H soit osté E F le moindre multiple
de A surpassant E K multiple de B de l'vnité K F.
Ie dis que le reste. F H est le moindre multiple
de B surpassant de l'vnité vn multiple de A. Car
que F H soit multiple de B il est euident, d'autant, que B mesure les nombres E G. E K, &
par consequent il mesure le réstant K G, auquel
F H est esgal, a cause des vnitez esgales K F. G H
adioustées d'vn costé & d'autre au mesme nombre F G. semblablement que A mesure F G. qui
est moindre de l'vnité, que F H, il est manifeste,
a cause que A mesure les nombres E G. E F. &

B

```
┌─────────────────────────────┐
│    A 3.      B 5.            │
│ E---K-F---L-M---G-H          │
└─────────────────────────────┘
```

par confequent il mefure le reſtát E G. Or que F H ſoit le moindre multiple de B ſurpaſſant de l'vnité vn multiple de A, ie le preuue : car s'il y en à vn plus petit que F H, ſoit F M. tellement que F M. ſoit multiple de B. & qu'oſtant d'iceluy l'vnité L M, le reſte F L ſoit multiple de A. Cela ſuppoſé, puiſque par l'hypotheſe, le nombre A meſure les nombres E F. F L. il meſure auſſi tout le nombre E L. ſemblablement puiſque B meſure E K & F M ou bien K L qui eſt eſgal a ꜰ ᴍ. le meſme B meſure auſſi tout le nombre E L, Doncques A & B meſurent E L. Ce qui eſt impoſſible, d'autant que E L eſt moindre que E G, & EG eſt le plus petit nombre meſuré par A & par B.

On peut demonſtrer ceſte derniere partie plus facilement en ceſte ſorte. Puiſque E H eſt eſgal a K G comme il a eſté preuué, & *K* G eſt moindre que E G, s'enſuit que F H eſt moindre que E G. Donc F H eſt le moindre multiple de B. ſurpaſſant de l'vnité vn multiple de A. par le corollaire de la precedente.

PROPOSITION XVIII.

Deux nombres premiers entre eux eſtant donnez, treuuer le moindre multiple de chaſcun d'iceux, ſurpaſſant de l'vnité vn multiple de l'autre.

Soient

A 7.	B 2.	C 14.
E 8.	D 15.	

SOient donnez les nombres A & B premiers entre eux , & qu'il faille treuuer les moindres multiples de chacun d'iceux, ſurpaſſans vn multiple, de l'autre nombre de l'vnité. Ie ſouſtrais B le moindre, du plus grand A , tant de fois qu'il ſe peut faire, & ie dis qu'il doit reſter quelque choſe: car s'il ne reſtoit rien , B meſureroit A , & parce que B ſe meſure auſſi ſoy-meſme , A & B ne ſeroient pas premiers entre eux contre l'hypotheſe.Suppoſons donc premierement,qu'oſtant B de A, tant de fois qu'il s'en peut oſter,il reſte l'vnité. Ie dis que A eſt le moindre multiple de A que nous cherchons : car on ne ſçauroit trouuer vn moindre nombre que A , qui ſoit meſuré par A & A ſurpaſſe B ou quelque ſien multiple de l'vnité. Reſte a trouuer le moindre multiple de B qui ſurpaſſe A,ou ſõ multiple,de l'vnité.Ie multiplie donc A par B,& ſoit le produict C, auquel adiouſtant l'vnité, ſoit faict D , & de D oſtant le nõbre A, ſoit le reſte E. Ie dis que E eſt le multiple de B,que nous cherchons.Car puis que A & B ſont premiers entre eux,le produict de leur multiplication C eſt le plus petit nombre meſuré par leſdits A & B,par la premiere partie de la 36. du 7.Dõcques D ſurpaſſe de l'vnité le plus petit nõbre meſuré par A & par B.Dont s'enſuit que de D oſtant A , qui eſt le moindre multiple de A ; ſurpaſſant de l'vnité le nombre B , ou quelque multiple de B: le reſte E eſt eſgal au moindre multiple de B,ſurpaſſãt de l'vnité quelque multiple de A,par la precedente. Ce qu'il falloit demonſtrer.

En apres ſoient les nombres premiers entre

T 43	M 5	H 3		
A 67	B 60	C 7	D 4	E 3
S 2881	N 300	K 21	G 8	F 9
Q 2580	O 280	I 12		
R 2880	P 301	L 20		

eux A B. de telle nature, qu'oſtant B de A tant de fois qu'on peut, il reſte le nombre C plus grand que l'vnité. Alors i'oſte ſemblablement C de B tant de fois qu'il ſe peut faire, & ſoit le reſte D. lequel i'oſte derechef de C tant de fois que ie puis, & ſoit le reſte E. & ie continue ainſi, oſtant touſiours le dernier reſtant du precedent, iuſques a ce qu'il ne reſte que l'vnité. Car a cauſe que les nombres A B ſont premiers entre eux, continuant coſte ſubſtraction, on paruiendra finalement a l'vnité, par la conuerſe de la 1. du 7. demonſtree par Campanus, & par Clauius auſſi. Suppoſons donc qu'oſtant E de D tant de fois qu'on peut, il ne reſte que l'vnité. Lors ſi ie veux trouuer le multiple de A ſurpaſſant de l'vnité le multiple de B. Ie conſidere les nombres reſtans C, D. E. aſçauoir s'ils ſont en nombre pair, ou en nombre impair, & s'ils ſont en nombre impair, ie prens le moindre multiple de E ſurpaſſant de l'vnité quelque multiple de D, par la premiere partie de ceſte demonſtration. Soit donc F le moindre multiple de E qui ſurpaſſe de l'vnité le nombre G multiple de D. Ie diuiſe F par E, & ſoit le quotient H, par lequel ie multiplie C, & ſoit le produit K. Apres par le meſme H ie multiplie le multiple de D, qui ioint auec E compoſe le nombre C. & ſoit le produit I. & adiouſtant enſemble G I. ſoit la ſomme L. Ie dis que K eſt le moindre multiple de C ſurpaſſant de l'vnité le nombre L qui eſt multiple

ple de D. & premierement que κ soit multiple
de C il appert par la construction, puisque κ est
produit multipliant C par H. Secondement que
L soit multiple de D. il est euident, puisque L
est composé des deux nombres G. I. dont chascun est multiple de D par la construction. Troisiesmement que κ surpasse L de l'vnité, ie le
preuue. Car multiplier C per H, est autant que
multiplier par H le nombre E, & le nombre D
ou le multiple de D, qui auec E cõpose le nombre
C. Par tant κ est esgal aux deux nombres I. F.
par la 1. du 2. Mais L est esgal aux deux nombres I. G. par la construction, & F surpasse G
de l'vnité. Doncques la somme des deux nombres I. F à sçauoir κ. surpasse aussi de l'vnité, la
somme des deux I. G. à sçauoir L. ce qu'il falloit demonstrer. Finalement que κ soit le moindre multiple de C surpassant de l'vnité vn multiple de D ie le preuue aussi : Car les deux nombres D E estant premiers entre eux par la 1. du
7. il s'ensuit que le produit de leur multiplication est le plus petit nombre qui soit mesuré
par eux, par le 36. du 7. Mais F est moindre que
ledit plus petit nombre mesuré par D & par E
par la 15. de ce liure. Doncques F est moindre
que le produit de la multiplication de D par E.
& par consequent H est moindre que D puisque
E multipliant H fait F, qui est moindre que le
produit de D par le mesme E. Doncques puis
que H est moindre que D, multipliant H & D
par le mesme C, le produit de C par H à sçauoir κ. est moindre que le produit de C par D,
Mais a cause que C. D. sunt premiers entre
eux, par la 1. du 7. le produit de C par D est le

T 43	M 5	H 3		
A 67	B 60	C 7	D 4	E 3
S 2881	N 300	K 21	G 8	F 9
	Q 2580	O 280	I 12	
	R 2880	P 301	L 20	

plus petit nombre mesuré par C & D. par la 36. du 7. Doncques K multiple de C surpassant de l'vnité vn multiple de D, est moindre que le plus petit nombre mesuré par C & par D , & par consequent K est le moindre multiple de C qui fasse vn semblable effet, par le corollaire de la 16. du present liure. Ce qu'il falloit demonstrer. Maintenant, attendu que D mesure L , comme il a esté preuué, diuisons L par D & soit le quotient M , & par M multipliant B soit le produit N. & par le mesme M multipliant le multiple de C qui auec D compose B. soit le produit O. & adioustant ensemble K. O. soit la somme P. Ie dis que P. est le moindre multiple de C surpassant de l'vnité le nombre N qui est multiple de B. Car en premier lieu N est multiple de B par la construction , & P est multiple de C, à cause qu'il est composé de K & de O, dont chascun est multiple de C. par la construction. En apres que P surpasse N de l'vnite ie le preuue ainsi. Puisque multiplier B par M est autant, que multiplier par M le nombre D , & le multiple de C qui auec D compose B. il appert que N. est esgal aux deux O. L. Mais P est esgal aux deux O. K. par la construction , & K surpasse L de l'vnité comme nous auons demonstré. Doncques P surpasse aussi N de l'vnité, Ce qu'il falloit

falloit preuuer. Finalement que P soit le
moindre multiple de C qui surpasse de l'vnité vn multiple de B. ie le preuue aussi ;
car puisque κ qui surpasse L de l'vnité est
moindre que le produit de C par D comme
nous auons demonstré, à plus forte raison L
est moindre que ledit produit de C par D.
Partant puisque D multipliant M & C. produit deux produits ihesgaux & le produit de
D par M à sçauoir L est moindre que le
produit de D par C , il s'ensuit que M. est
moindre que C. Doncques le produit de B
par M à sçauoir N est moindre que le produit de B par C. Mais en outre ie dis que
le produit de B par C surpasse N d'vn nombre plus grand que l'vnité , car s'il ne le
surpassoit que de l'vnité, le nombre B qui
mesure ledit produit de B par C , & qui mesure aussi le nombre N, mesureroit encor l'v-
nité restante de laquelle ledit produit surpas-
seroit N. Doncques P ne surpassant N que de
l'vnité , & le produit de B par C surpassant
le mesme N d'vn plus grand nombre que l'v-
nité , il faut aduoüer , que P. est moindre
que ledit produit de B par C. Or le produit de B par C est le plus petit nombre mesuré par B & par C pour les raisons plusieurs fois alleguées. Doncques P est vn multiple de C surpassant de l'vnité vn multiple
de B , & le mesme P est moindre que le
plus petit nombre mesuré par B & par C
Par consequent par la corollaire de la 16.
du present liure P est le moindre multiple
de C surpassant de l'vnité vn multiple de B.

T 43   M 5   H 3
A 67 B 60 C 7 D 4 E 3
S 2881 N 300 K 21 G 8 F 9
Q 2580 O 280 I 12
R 2880 P 301 L 20

cequ'il falloit demonstrer. Finalement puis que C mesure P. diuisant P par C. soit le quotient T. & par T multipliant A soit le produit S. & par le mesme T multipliant le multiple de B qui auec C compose A , soit le produit Q , & adioustant ensemble N. Q. soit la somme R. Ie dis que S est le moindre multiple de A que nous cherchons , qui surpasse de l'vnité le nombre R multiple de B. Car en premier lieu S est multiple de A , estant produit de la multiplication de A par T. en apres R est multiple de B. à cause qu'il est composé des deux nombres N. Q. dont chascun est multiple de B. Troisiesmement , pource que multiplier A par T. est autant , que multiplier par T le nombre C, & le multiple de B qui auec C compose A. il s'enfuit que S. est esgal aut deux nombres N. P. mais R est esgal aux deux N. Q. doncques tout ainsi que P. surpasse N de l'vnité, de mesme S surpasse R de l'vnité. En fin que S soit le moindre multiple de A surpassant de l'vnité vn multiple de B. ie le preuue : Car i'ay demonstré que P est moindre que le produit de B par C. d'ou s'enfuit que diuisant P par C, le quotient T est moindre que B. Doncques
ques

ques multipliant T & B par le mesme A,
le produit de T par A asçauoir S sera moindre, que le produit de B par A qui est le
plus petit nombre mesuré par A & B. Partant s estant multiple de A surpassant de
l'vnité vn multiple de B, & estant moindre que le plus petit nombre mesuré par
A & B. il s'enfuit que le mesme s est le
moindre multiple de A, surpassant de l'vnité vn multiple de B. par le corollaire de la
16. du present liure. Nous auons donc
trouué le moindre multiple de A surpassant
de l'vnité vn multiple de B. Ce qu'il falloit
faire.

Mais si on demande le moindre multiple
de B surpassant de l'vnité vn multiple de A,
nous le pourrons trouuer par deux voyes. La
premiere, en supposant que nous ayons trouué le moindre multiple de A surpassant de
l'vnité vn multiple de B. par la precedente
operation. Car si ie multiplie A par B, &
qu'au produit i'adiouste vn, & que de la somme, i'oste le nombre s. il est euident qu'il restera le moindre multiple de B surpassant de
l'vnité vn multiple de A par la 17. du present
liure.

La seconde voye est semblable a celle par
laquelle nous auons trouué le moindre multiple de A surpassant de l'vnité vn multiple
de B. par laquelle d'abord nous trouuerons le
moindre multiple de B que nous cherchons,
sans supposer qu'on ait treuué le moindre
multiple de A. Considerant les mesmes restes C. D. E. qui sont en nombre impair, ie

B 5

T 17. M 2. H 1.
A 67. B 60. C 7. D 4. E 3.
S 1139. N 120. K 7. I 4. F 3.
Q 1020. O 112. L 8.
R 1140. P 119.

prens F moindre d'vne vnité que D, & pour ce que nous auons supposé qu'oſtant E de D tant de fois qu'on peut, il reſte l'vnité, s'enſuit que E meſure F. Partant diuiſant F par E ſoit le quotient H, par lequel multipliant c ſoit le produit K. & par le meſme H multipliant le multiple de D qui auec E côpoſe c, ſoit le produit I. & adiouſtant D auec I ſoit la ſomme L. Ie dis que L eſt le moindre multiple de D ſurpaſſant de l'vnité le nombre K qui eſt multiple de c. Car que k ſoit multiple de c il appert par la conſtruction. Que L ſoit multiple de D, il eſt euident, puiſque L eſt compoſé de I multiple de D, & de D meſme. Que L ſurpaſſe k de l'vnité, ie le preuue. Car multiplier c par H (d'ou ſe produit k) c'eſt autant que multiplier par le meſme H le nombre E (d'ou ſe produit F) & le multiple de D qui auec E compoſe c (d'ou ſe produit I.) Partant k eſt eſgal aux deux nombres I F. Mais L eſt eſgal aux deux I. D. Doneques tout ainſi que D ſurpaſſe F de l'vnité, de meſme L ſurpaſſe K de l'vnité. Reſte a preuuer que L eſt le moindre multiple de D qui ſurpaſſe de l'vnité vn multiple de C. ce que ie preuue ainſi. Puiſque F eſt moindre que D. a plus forte raiſon F eſt moindre que le produit de D par E, & par conſequent diuiſant F d'vn coſté, & le produit de

D par

D par E de l'autre, par le mesme E. le quotient
H sera moindre que le quotient D. Doncques
aussi multipliant H & D par le mesme C, le produit de C par H, asçauoir k sera moindre que le
produit de C par D. Mais en outre ie dis que le
produit de C par D surpasse k d'vn nombre plus
grand que l'vnité; car puisque C. mesure tant le
produit de C par D, que le nombre k. le mesme
C mesure aussi le nombre dont ledit produit surpasse k, & partant ledit nombre dont le produit
de C par D surpasse k est plus grand que l'vnité.
Mais L ne surpasse k que de l'vnité. Doncques
L est moindre que le produit de C par D, c'est à
dire que le plus petit nôbre mesuré par C. & par
D,& par côsequent L est le moindre multiple de
D surpassât de l'vnité vn multiple de C par le corollaire de la 16.du present liure. Or passant plus
auant, puisque D mesure L, qu'il le mesure par
M, & par M multipliant B, soit le produit N, &
par le mesme M multipliant le multiple de C
qui auec D compose B, soit le produit O. & adioustant emsemble O & k soit la somme P. Ie dis
que N est le moindre multiple de B surpassant de
l'vnité vn multiple de C asçauoir P. Car que N
soit multiple de B il appert par la construction.
Que O soit multiple de C il est euident, puisque il est composé de k & de O dont chascun est
multiple de C. Que N surpasse P de l'vnité ie le
preuue: Car multiplier B par M (d'ou se produit
N) c'est autant que multiplier par M le nombre
D (d'ou se produit L) & le multiple de C qui
auec D compose B, d'ou se produit O. Partant N
est esgal aux deux nombres O L. Mais P est esgal
aux deux O k.& L surpasse k de l'vnité. Donc N
surpass

T 17	M 2	H 1		
A 67	B 60	C 7	D 4	E 3
S 1139	N 120	k 7	I 4	F 3
Q 1020	O 112	L 8		
R 1140	P 119			

ſurpaſſe auſſi P de l'vnité ; ce qu'il falloit preu. uer. En fin que N ſoit le moin- dre multiple de B qui faſſe vn tel effet, ie le preuue ainſi. Puiſque L eſt moindre que le produit de C par D comme i'ay demonſtré, diuiſant par le meſme D, tant L, que le produit de C par D, le quotient M prouenant du moindre nombre diuiſé, ſera moindre que le quotient D prouenant du plus grand ; par conſequent multipliant le meſme B par M & par C, le produit de B par M, aſçauoir N ſera moindre que le produit de B par C, & ainſi par le corollaire de la 16. du preſent liure, N ſera le moindre multiple de B ſurpaſſant de l'vnité vn multiple de C. Finalement puiſque C meſure F, que ce ſoit par le nombre T. & par T multipliant A, ſoit le produit S, & par le meſme T multipliant le multiple de B qui auec C compoſe A, ſoit le produit Q. & adiouſtant enſemble Q. & N ſoit la ſomme R. Ie dis que R eſt le multiple de B que nous cherchons, aſça- uoir qu'il ſurpaſſe de l'vnité le nombre S multi- ple de A, & que c'eſt le moindre multiple de B qui faſſe tel effet. Car que S ſoit multiple de A, il appert par la conſtruction. Que R ſoit multi- ple de B, il eſt clair, puiſque il eſt compoſé de Q & de N, dont chaſcun eſt multiple de B. Que R ſurpaſſe S de l'vnité, ie le preuue : car multi- plier A par T (d'ou ſe produit S) c'eſt autant que multiplier par T le nombre C (d'ou ſe produit P) & le multiple de B qui auec C compoſe A, d'ou ſe pro

se produit Q. Doncques S est esgal aux deux
nombres Q. P. mais R est esgal aux deux Q. N.
Donc tout ainsi que N surpasse P de l'vnité, de
mesme R surpasse S de l'vnité. Finalement que
R soit le moindre multiple de B faisant vn tel
effect ie le preuue aussi. Car iay preuué que N
est moindre que le produit de B par C, donc à
plus forte raison P est moindre que ledit produit.
Par consequent, diuisant par le mesme C tant
le nombre P; que ledit produit de B par C, le
quotient T prouenât du moindre nôbre diuisé,
sera moindre que le quotient B prouenant du
plus grand. Doncques multipliant le mesme A
par T & par B. le produit de A par T à sçauoir
S. est moindre que le produit de A par B. Mais
en outre ie dis que le produit de A par B surpasse S de plus que de l'vnité. Car puisque A mesure tant le produit de A par B que le nombre S,
le mesme A mesure aussi le nombre restant dont
ledit produit surpasse S. par consequent ledit
nombre restant dont le produit de A par B surpasse S, est plus grand que l'vnité. Mais R ne
surpasse S que de l'vnité. Doncques R est moindre que le produit de A par B, c'est à dire que le
plus petit nombre mesuré par A & par B. & par
consequent. R est le moindre multiple de B surpassant de l'vnité vn multiple de B par le coroll.
de la 16. de ce liure.

Que si du plus grand des nombres donnez
ostant le plus petit, & du plus petit ostant le
nombre restant, & continuant ceste soustraction
comme il a esté dit, iusques à ce qu'on paruienne
à l'vnité, la multitude des nombres restans se
treuue en nombre pair; il faut prendre la reigle

tout

tout à rebours de celle du cas precedent, c'eſt à
dire que ſi l'on veut le moindre multiple du
plus grand ſurpaſſant de l'vnité vn multiple du
plus petit des nombres donnez, il faut proceder
comme on à fait au cas precedent, quand on
cherchoit le moindre multiple du plus petit ſurpaſſant de l'vnité vn multiple du plus grand.
Mais ſi l'on veut le moindre multiple du plus
petit qui ſurpaſſe de l'vnité vn multiple du plus
grand, il faut proceder comme on à fait au cas
precedent, lors qu'on cherchoit le moindre
multiple du plus grand ſurpaſſant de l'vnité vn

T 43	M 5	H 3		
A 67	B 60	C 7	D 4	E 3
S 2881	N 300	K 21	G 8	F 9
Q 2580	O 280	I 12		
R 2880	P 301	L 20		

T 17	M 2	H 1		
A 67	B 60	C 7	D 4	E 3
S 1139	N 120	K 7	I 4	F 3
Q 1020	O 112	L 8		
R 1140	P 119			

multiple du
plus petit. Car
ſoiét les nom-
bres donnez
B.C. tellement
que les nom-
bres reſtans
D. E. ſoient
en nombre
pair; lors s'il
faut treuuer le
moindre multiple de B ſurpaſſant de l'vnité vn
multiple de C, qu'on ſe repreſente la figure de
la ſeconde operation du cas precedent, & l'on
verra que nous auons demonſtré clairement, que
le nombre N eſt le moindre multiple de B ſurpaſſant de l'vnité le nombre P multiple de C.
Mais ſi l'on veut le moindre multiple de C ſurpaſſant de l'vnité vn multiple de B. qu'on ſe repreſente la figure de la premiere operatió du cas
precedent, & on verra que nous auons demonſtré que le nombre P eſt le moindre multiple de
C ſur

C surpassant de l'vnité le nombre N multiple de B. Or les mesmes operations se peuuent continuer à l'infini quelle multitude qu'il y ait de nombres restans, & la demonstration sera tousiours la mesme. Doncques nous auons parfaictement demonstré la façon de treuuer le moindre multiple de chascun des nombres donnez surpassant de l'vnité vn multiple de l'autre. Ce qu'il falloit faire.

ADVERTISSEMENT.

Pour faciliter la prattique de ce probleme, il faut remarquer qu'il n'est pas necessaire de treuuer tous les nombres dont nous nous sommes seruis en la demonstration: Car il appert que si on peut trouuer le nombre T, on à tout fait, d'autant qu'en la premiere operation, il ne faut que multiplier A par T, & le produit S est le multiple de A que l'on cherche. Et en la seconde operation, il ne faut que multiplier A par T, & au produit S adiouster l'vnité, & la somme R est le multiple de B que l'on cherche. C'est pourquoy il ne faut que treuuer le nombre T, le plus promptement qu'il se pourra faire. Or nous le trouuerons ainsi fort promptement. En la premiere operation, ie multiplie D par E, au produit i'adiouste vn, de la somme ie soustrais D, le reste sera F, lequel ie diuise par E, le quotient est H, lequel ie multiplie par C, le produit est K, duquel i'oste vn, le reste est L, lequel ie diuise par D, le quotient est M, lequel ie multiplie par B, le produit est N, auquel adioustant vn, la somme est P. lequel diuisé par C, me donne pour quotient T. Autrement ie treuue F comme auparauant, duquel i'oste vn, reste G. Ie diuise F par E,

& G

& G par D, & ie joins les deux quotiens, la somme
fait M. Ie prens le multiple de C qui auec D compose B. qui en l'exemple donné, est 56. ie le diuise par
C, le quotient est 8. lequel ie multiplie par M, &
au produit i'adiouste H, la somme fait le nombre T.
En la seconde operation, i'oste vn du nombre D, reste
F, lequel ie diuise par E, le quotient est H, que ie
multiplie par C, le produit est k, auquel adioustant vn, prouient L, lequel diuise par D, me
donne M, qui multipliant B, fait N, duquel
ostant vn reste P, lequel diuise par C, me donne
T. Autrement, ie treuue H comme auparauant,
auquel adioustant vn, i'ay M. Apres ie prens le
multiple de C qui auec D compose B. à sçauoir 56.
ie le diuise par C, le quotient est 8. que ie multiplie
par M, & au produit adioustant H, i'ay le nombre T. & ceste regle continue de mesme à l'infini.

X 19.	T 17.	M 2.	H 1.
V 127. A 67. B 60. C 7. D 4. E 3.			
Y 2413. Z 2412.			

*Car soient
les nombres
donnez V.
A. tellemēt*
que continuant la soustraction ordonnee, les restes soient
B. C. D. E. pour trouuer le multiple de V qui surpasse de l'vnité vn multiple de A ie chercheray T par
l'vne des deux façons que i'ay donnees touchant la seconde operation, & suiuant la premiere façon ie
diuiseray R par B & soit le quotient X. par lequel multipliant V le produit Y sera le multiple de V
que ie cherchois, qui surpasse de l'vnité le nombre Z
multiple de A. Par l'autre façon ie treuueray X incontinent: Car ayant treuué T ie pren le multiple
de B qui auec C compose A, ie le diuise par B, &
le quotient ie le multiplie par T, & au produit
i'adiouste M, la somme fait X infalliblement. Le
mesme

mesme se peut dire des regles donnees pour la premiere operation.

PRPOSITION XIX.

Deux nombres premiers entre eux estant donnez, treuuer par ordre tous les multiples de chascun d'iceux surpassans de l'vnité, vn multiple de l'autre.

Soient donnez A. B. premiers entre eux, & qu'il faille treuuer par ordre tous les multiples de A surpassans de l'vnité, quelque multiple de B. Soit pris premierement par la precedente C E le moindre multiple de A, surpassât de l'vnité le nôbre C D multiple de B, tellemét que D E soit l'vnité, & au nombre C E soit adiousté F C le plus petit nombre mesuré par A & par B. Ie dis que F E est le second multiple de A qui surpasse de l'vnité le nombre F D multiple de B. Car que F E soit multiple de A, il est euident, puisque A mesure les nombres F C. C E desquels F E est composé. Semblablement F D est multiple de B, à cause que B mesure les nombres F C. C D. desquels F D se compose. En outre le nombre F E surpasse F D de l'vnité D E comme on voit. Finalement que F E soit le second multiple de A faisant vn tel effect, c'est à dire qu'entre C E, & F E on n'en puisse trouuer vn autre, ie le preuue : Car si entre C E. & F E il s'en peut treu-

```
┌─────────────────────────────────┐
│       A 5.  B 3.                 │
│ K----F---H---C---D--E            │
└─────────────────────────────────┘
```

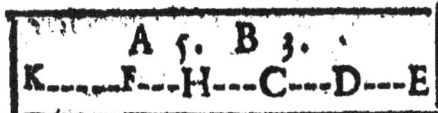

uer vn, soit H E,
tellement que H E
soit multiple de A,
& qu'il surpasse de l'vnité, le nombre H D
multiple de B. Cela supposé, puisque A mesure les nombres F E, H E, il mesure aussi
le restant F H. semblablement, puisque B mesure les nombres F D, H D, il mesure aussi
le restant F H. Doncques tous les deux A & B
mesurent, F H. Ce qui est impossible, attendu
que F H est moindre que F C, qui est le plus
petit nombre mesuré par A & par B. Par consequent F E est le second multiple de A, c'est à
dire le plus petit après C E. En semblable maniere, si on adiouste à F E le nombre k F esgal
à F C, on preuuera que k E est le troisiesme
multiple de A faisant l'effect desiré; & ainsi à
k E adioustant derechef le plus petit nombre
mesuré par A & par B, on aura le quatriesme
multiple de A, & ainsi à l'infini. Tout de mesme
on trouuera tous les multiples de B surpassans
de l'vnité quelques multiples de A. Doncques
nous auons monstré à faire parfaictement, ce
qui estoit proposé.

PROPOSITION XX.

Estant donnez plusieurs nombres pre-
miers entre eux, tellement que chascun d'i-
ceux soit premier à chacun des autres,
treuuer le moindre multiple de tous excepté
vn, qui surpasse de l'vnité vn multiple de
celuy qui est excepté.

Soient

A 2. B 5. C 7. D 3.
E 10. F 70.

SOient donnez les nombres A B C D tels que chascun d'iceux soit premier à chascun des autres, & qu'il faille treuuer le moindre multiple de A B C qui surpasse vn multiple de D de l'vnité. Ie multiplie A par B & le produit soit E, lequel ie multiplie par C, & le produit soit F. Alors si F. surpasse de l'vnité vn multiple de D ie dis que F est le moindre multiple de A B C que nous cherchions : Car que F soit multiple de A B C il est euident, d'autant que A. B mesurent le nombre E, & le nombre E mesure le nombre F, doncques A. B. mesurent F ; mais C mesure aussi F par la construction. Doncques tous les nombres A B C mesurent F, & par consequent F est multiple de A. B. C. Or par l'hypothese F surpasse de l'vnité vn multiple de D. Il ne reste donc qu'a preuuer que F soit le moindre multiple de A B C qui fasse vn tel effect. Mais cela est facile à faire : car puisque A & B sont premiers à C, le produit de A par B, à sçauoir E est aussi premier à C par la 26. du 7. & le mesme E est le plus petit nombre mesuré par A & par B par la 36. du 7. Doncques par la 38. du mesme liure, le produit de E par C, à sçauoir F est le plus petit nombre mesuré par A B C. Doncques F est le plus petit multiple de A B C qui se puisse treuuer. Ce qu'il falloit demonstrer.

Que si le nombre F ne surpasse pas de l'vnité vn multiple de D. Alors parce que chascun des deux nombres A & B est premier à chascun des deux C & D, il s'ensuit que le produit de A par

A 2	B 3	C 5	D 7
E 6	F 30	G 120	
H------			

B, à sçauoir E est aussi premier à C & à D, par la 26. du 7. mais C est aussi premier à D par l'hypothese. Doncques le produit de E par C, à sçauoir F est premier à D, soit donc pris le nōbre G qui soit le moindre multiple de F, surpassãt de l'vnité vn multiple de D par la 18. de ce liure. Ie dis que G est le moindre multiple de A B C que nous cherchions : Car puisque G est multiple de F, & F est multiple de A B C comme nous auons demonstré cy deuant, il s'ensuit que G est multiple de A B C, mais G surpasse de l'vnité vn multiple de D par la construction. Donc il ne reste que de preuuer, que G soit le moindre nombre qui fasse vn tel effect. Or cela est facile à faire; car s'il n'est pas le moindre, qu'on en donne vn plus petit, à sçauoir H qui soit multiple de A B C, & qui surpasse de l'vnité vn multiple de D. Alors parce que H est mesuré par A B C. & F est le plus petit nombre mesuré par A B C: le mesme F mesurera H par le corollaire de la 38. du 7. Doncques H qui est moindre que G, est vn multiple de F surpassant de l'vnité vn multiple de D, ce qui est impossible, attendu que nous auons pris G le moindre multiple de F surpassant de l'vnité vn multiple de D. La mesme façon de proceder & de demonstrer aura lieu si on donne plus grande quantité de nombres, comme il est euident. Doncques nous auons fait ce qu'il falloit faire.

COROL

COROLLAIRE.

Si plusieurs nombres sont premiers à quelque autre nombre; le moindre nombre mesuré par les mesmes nombres est aussi premier au mesme nombre. Cecy a esté prouué en la seconde partie de la demonstration.

ADVERTISSEMENT.

Ayant treuué le moindre multiple de plusieurs nombres premiers entre eux, surpassant de l'unité vn multiple d'vn autre, il est bien facile de treuuer par ordre tous les multiples des mesmes nombres, faisans le mesme effect: Car il ne faut qu'imiter l'artifice de la 19. de ce liure, c'est à dire que si on prend le plus petit nombre mesure par A B C D & qu'on l'adiouste au nombre G, on aura le second multiple de A B C surpassant de l'unité vn multiple de D. & si au second multiple, on adiouste derechef le mesme nombre, on aura le troisiesme, & ainsi à l'infini. La demonstration est toute semblable à celle de la 19. de ce liure; c'est pourquoy ie n'ay pas volu en faire vne proposition à part.

PROPOSITION XXI.

Deux nombres premiers entre eux estant donnez, treuuer le moindre multiple de chascun d'iceux, surpassant vn multiple de l'autre, d'vn nombre donné.

C 5

A 5	B 9	C 3
D 10	E 9	K 45
F———M——L——H——G

SOient les nombres premiers entre eux A. B. & qu'il faille treuuer le moindre multiple de A surpaſſant vn multiple de B, du nombre donné C. Soit par la 18. de ce liure, le nombre D, qui ſoit le moindre multiple de A ſurpaſſant de l'vnité le nombre E multiple de B. & multipliant D par C ſoit le produit F G. duquel oſtant le nombre C ſoit le reſte F H. & ſoit K le plus petit nombre meſuré par les deux nombres donnez A B. Alors ou le nombre F H eſt moindre que K, ou il luy eſt eſgal, ou il eſt plus grand.

Soit Premierement F H plus petit que K, ou eſgal à K. Car en ces deux cas l'operation & la demonſtration ſont les meſmes. Ie dis que F G eſt le moindre multiple de A faiſant l'effect deſiré: Car en premier lieu, F G eſtant multiple de D, & D eſtant multiple de A par la conſtruction, il s'enſuit que F G eſt multiple de A. en apres, pource que multiplier D par C (d'ou ſe produit F G) c'eſt autant que multiplier par C, le nombre E & l'vnité, deſquels D ſe compoſe, le nombre F G eſt eſgal aux produits de E par C, & de l'vnité par C : mais le produit de l'vnité par C, eſt eſgal au meſme C, c'eſt à dire au nombre H G. Doncques le reſtant F H eſt eſgal au produit de E par C. Par conſequent F H eſt multiple de E ; mais E eſt multiple de B par la conſtruction. Doncques F H eſt multiple de B. Nous auons donc F G multiple de A qui ſurpaſſe F H multiple de B du nombre H G eſgal au nombre donné C. Reſte à preuuer que F G ſoit
le

le moindre multiple de A faisant vn tel effect.
Or s'il ne l'est pas soit F L plus petit que F G, &
multiple de A surpassant F M multiple de B du
nombre M L esgal à C, ou à H G. Alors au
mesme nombre L H adioustant les nombres esgaux M L & H G, les composez M H, & L G
feront esgaux. Et parce que A mesure les nombres F G & F L, il mesurera aussi les restant L G,
ou son esgal M H. Derechef parce que B mesure
les nombres F H & F M, il mesurera aussi le re-
stát M H. Dóncques tous les deux A & B mesure-
rent M H. Ce qui est impossible. Car puisque
F H est moindre que K ou esgal à K, M H qui
est moindre que F H, est tousiours moindre que
K, & partant M H ne peut estre mesuré par A
& par B, attendu que K est le plus petit nombre
mesuré par A & par B.

    A 5. B 9 C 3.
    D 10. E 9. k 45.
    F———M--H--L--G

QVe si quelqu'vn
disoit que F L,
doit tomber entre
F G & F H. Cela sup-
posé, il s'ensuiura tousiours vne semblable con-
tradiction. Car tout ainsi que F L est moindre
que F G. de mesme il faut que F M soit moindre que F H, à cause que les nombres M L, H G
sont esgaux, estant supposé que l'vn & l'autre
est esgal à C. Par consequent, des nombres
esgaux M L, H G, ostant le mesme nombre
H L, les restans M H, L G seront esgaux. Or
pource que A mesure les nombres F G, F L,
il mesure aussi le restant L G, ou son esgal
M H. De mesme pource que B mesure les nombres F H, F M, il mesure aussi le restant M H.
Doncques tous les deux nombres A & B mesu-

C 4

rent M H. Ce qui eſt impoſſible, par la meſme
raiſon cy deuant alleguee, d'autant que M H eſt
moindre que F H, & F H eſt moindre que k,
ou eſgal à K, qui eſt le plus petit nombre meſuré
par A & par B. Nous auons donc trouué en ce
cas, le nombre F G qui eſt le moindre multiple
de A ſurpaſſant vn multiple de B, du nombre
C. ce qu'il falloit faire.

A 3	B 9	C 20		
D 10	E 9	k 45		
F———	——N—	—H—	G	

SEcondemét ſoit
le nombre F H
plus grand que k.
Alors ſoit oſté k du
nombre F H tant de fois, qu'il reſte N H, moindre que k, ou eſgal à k, tellement que F N
ſoit multiple de k. Ie dis que N G eſt le moindre multiple de A ſurpaſſant N H multiple
de B du nombre H G eſgal au nombre donné C. car comme auparauant, nous prouuerons que F G eſt multiple de A, & que F H
eſt multiple de B, & que H G eſt eſgal à C.
Or parce que F N eſt multiple de K, & K
eſt multiple de A & de B, il s'enſuit que F N
eſt auſſi multiple de A & de B. Par conſequent, puiſque A meſure les nombres F G,
F N, il meſure auſſi le reſtant N G; ſemblablement puiſque B meſure les nombres F H,
F N, il meſure auſſi le reſtant N H. Doncques N G eſt multiple de A ſurpaſſant N H
multiple de B, du nombre H G eſgal au
nombre donné C. & parce que N H eſt moindre que k ou eſgal à k, il s'enſuit que N G
eſt le moindre multiple de A faiſant vn tel
effet, par ce qui a eſté preuué en la premiere partie de ceſte demonſtration. Doncques
nous

nous auons accompli de tout point, ce qu'il falloit faire.

PROPOSITION XXII.

Deux nombres premiers entre eux eſtant donnez, treuuer par ordre tous le multiples de chaſcun d'iceux, ſurpaſſans quelque multiple de l'autre, d'vn nombre donné.

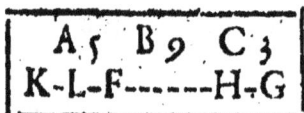

A 5	B 9	C 3
K-L-F------H-G		

Soient les nõbres donnez A & B. & qu'il faille treuuer par ordre tous les multiples de A ſurpaſſans quelque multiple de B, du nombre donné C. ſoit pris par la precedente le nombre F G qui ſoit le moindre multiple de A, ſurpaſſant F H multiplé de B, du nombre H G eſgal a C. & au nombre F G ſoit adiouſté K F le plus petit nombre meſuré par A & par B. Ie dis que K G eſt le ſecond multiple de A faiſant vn meſme effet, Car à cauſe que A meſure les nombres K F, F G, il meſure auſſi le composé d'iceux K G. ſemblablement, a cauſe que B meſure les nombres K F, F H, il meſure auſſi K H. Doncques K G, eſt vn multiple de A ſurpaſſant k H multiple de B, du nombre H G eſgal au nombre donné C. Reſte a preuuer que k G ſoit le ſecond multiple de A faiſant vn ſemblable effet, c'eſt a dire qu'entre F G & k G il n'y en a point d'autre, ce qui ſe preuue ainſi. S'il ſe peut treuuer vn multiple de A faiſant l'effet deſiré, &

C 5

A 5	B 9	C 3
K-L-F------H-G		

qui soit plus grand que F G, & plus petit que k G, soit ce nombre là L G, tellement que L G soit multiple de A, & L H multiple de B. Celà supposé, puisque A mesure les nombres k G, L G, il mesurera aussi le restant k L; semblablement puisque B mesure les nombres k H, L H, il mesurera aussi le restant k L. Doncques A & B mesureront k L. Ce qui en impossible, attendu que k L, est moindre que k F, qui est le plus petit nombre mesuré par A & par B. De mesme si a k G, l'en adiouste vn nombre esgal a k F, on aura le troisiesmé multiple de A faisant ce qu'on desire, & continuant ainsi a adiouster au dernier multiple trouué, le plus petit nombre mesuré par A & par B, on aura le multiple suiuant, comme on peut demonstrer tout en mesme façon. Doncques nous auons enseigné a treuuer par ordre tous les multiples de A, surpassans quelque multiple de B, du nombre donné C. ce qu'il falloit faire.

PROPOSITION XXIII.

Estant donnez plusieurs nombres premiers entre eux, tellement que chascun d'iceux soit premier a chascun des autres: treuuer le moindre multiple de tous excepté vn, qui surpasse d'vn nombre donné, quelque multiple de celuy qu'on à excepté.

Soient

A 2	B 3	C 5	D 7
E 2		F 30	

SOient les nombres premiers entre eux A B C D, tellement, que chascun d'iceux soit premier a chascun des autres, & qu'il falle treuuer le moindre multiple de A B C, surpassant vn multiple de D du nombre donné E. Ie prens, F le plus petit nombre mesuré par A B C, & si F surpasse vn multiple de D du nombre E, ie dis que F est le multiple de A B C que l'on cherche, Car il est impossible de treuuer vn moindre multiple de A B C, que F, comme il est euident par la construction.

A 2	B 3	C 5	D 7
E 3	F 30	G 150	
H--			

MAis si F ne surpasse pas vn multiple de D, du nombre donné E, neantmoins parce que F est premier a D a cause que chascū des nóbres A B C est premier a D, par le corollaire de la 20. de ce liure, soit pris G le moindre multiple de F surpassât vn multiple de D, du nóbre dóné E par la 21. de ce liure: ie dis que G est le multiple de A B C qu'il falloit treuuer: Car puisque G est multiple de F, & F est multiple de A B C, il s'ensuit que G est aussi multiple de A B C : Mais par la construction G surpasse vn multiple de D, du nóbre dóné E. Doncques il ne reste qu'à preuuer que G soit le moindre nombre qui fasse vn tel effet. Or si cela n'est pas, soit H moindre que G, & multiple de A B C surpassant vn multiple de D, du nombre E. Cela supposé, puisque A B C mesurent H, il s'ensuit que F mesure le mesme nombre H par le corollaire de la 38. du 7. Doncques H est vn multiple de F surpassant vn multiple de D, du nombre E. Ce qui est impossible, à cause que H est moindre

que

que G , & G eft le plus petit multiple de F furpaffant vn multiple de D , du nombre E par la
conftruction. Il faut donc aduoüer que G eft le
moindre multiple de A B C faifant l'effet qu'on
defire. Ainfi nous auons fait ce qu'il falloit faire.

ADVERTISSEMENT.

Ayant treuué le moindre multiple , on trouuera tous
les autres multiples par ordre , imitant l'artifice de la
22. de ce liure. Car fi au nombre G on adioufte le plus
petit nombre mefuré par A B C D , on aura le fecond
multiple de A B C faifant l'effet defiré , & fi au fe-
cond multiple , on adioufte derechef le mefme nombre,
on aura le troifiefme multiple , & ainfi a l'infiny. La
demonftration de cecy eft toute femblable , a celle de la
22. de ce liure.

PROPOSITION XXIV.

Plufieurs nombres oftant donnez , fi l'on
prend le plus petit nombre mefuré par eux,
on ne pourra pas treuuer deux diuers nom-
bres moindres que luy, defquels oftant chaf-
cun des nombres donnez tant de fois qu'on
pourra, il refte les mefmes nombres d'vn co-
fté & d'autre.

A 3 B 4 C 5 D 60
E——G——k-L-M-F

SOient les nom-
bres donnez A B
C., & foit D le plus
petit

petit nombre mefuré par eux. Ie dis qu'on ne
peut trouuer deux nombres differens, moindres
que D, tellement que d'iceux oftant chafcun des
nombres A B C tant de fois qu'il fe pourra faire,
il refte les mefmes nombres d'vn cofté & d'autre. Car fi cela fe peut, foient les nombres E F,
G F tous deux moindres que D, tellement que
d'iceux oftant A tant de fois qu'on pourra, il refte d'vn cofté & d'autre le mefme nombre M F,
& oftant des mefmes nombres E F, G F, le nombre B tant de fois qu'on pourra, il refte d'vn
cofté & d'autre L F : & oftant C des mefmes
nombres en mefme façon, il refte d'vn cofté &
d'autre le mefme nombre K F. Cela fuppofé,
parce que A mefure les nombres E M, G M, il
mefure auffi le reftant E G. Et parce que B mefure les nombres E L, G L, il mefure auffi le refte E G, & parce que C mefure les nombres
E K, G K, il mefure auffi le reftant E G. Ainfi
tous les nombres A B C mefurent E G. ce qui
eft impoffible, a caufe que E G eft moindre que
E F, & E F eft moindre que D, qui eft le plus
petit nombre mefuré par A B C.

Or on ne peut imaginer aucun cas, auquel
n'ait lieu cefte demonftration. Car foit que l'on
die que les nôbres E F, G F font mefurez par tous
les nombres A B C, ou par deux d'iceux, ou par
vn feulement, on tirera toufiours vne mefme
conclufion. Si l'on dit que A B C mefurent E F,
& G F, on voit d'abord que cela eft impoffible,
à caufe que E F & G F font moindres que D, qui
eft le plus petit nombre mefuré par A B C. Mais
fi l'on dit que A & B mefurent E F, & G F, &
que des mefmes nombres oftant C tant de fois

| A 3 B 4 C 5 D 60 |
| E----·--G---K-L-M-F |

qu'il se peut faire, il
reste M F. Alors
puisque A & B me-
surent E F & G F, ils mesureront aussi le restant
E G, & parce que C mesure E M, & G M, il
mesurera aussi le restant E G, Doncques A B C
mesureront E G. Ce qui est impossible, comme
i'ay demonstré.

Qui si l'on dit que A seul mesure les nombres
E F, G F, & que des mesmes nombres ostant B
tant fois qu'on pourra, il reste M F, & que des
mesmes nombres ostant C de la mesme sorte, il
reste L F. Alors par ce que A mesure E F & G F,
il mesure aussi le restant E G. & parce que B mesure E M & G M, il mesure aussi le restant E G,
& parce que C mesure E L & G L, il mesure
aussi le restant E G, par consequent A B C mesurent E G ce qui est impossible comme auparauant.

Mais si l'on veut dire, qu'ostant chascun des
nombres A B C de E F & de G F, ou deux d'i-
ceux seulement, il reste par tout le mesme nombre, on tombera neantmoins en mesme inconuenient: car si ostant A B C de E F, & de G F,
on dit qu'il reste par tout le mesme nombre M F,
on voit d'abord l'impossibilité, attendu qu'il
s'ensuiura, que A B C mesureront E M & G M,
chose impossible, à cause que E M, G M sont
moindres que D. Et si l'on veut qu'ostant les
deux nombres A B tant seulement de E F & de
G F, il reste le mesme nombre M F, mais qu'o-
stant C des mesmes nombres E F, G F, il reste
L F. Alors puisque A & B mesurent E M & G M,
ils mesureront aussi le restant E G, & parce que
C mesure

C mesure E L o L , il mesurera aussi le restant
E o , par consequent A B C mesureront F o. Ce
qui est impossible, comme il à esté dit plusieurs
fois. Doncques en toutes façons, il est impossible de treuuer deux nombres moindres que D,
desquels ostant chascun des nombres A B C ,
tant de fois qu'on pourrà , il reste les mesmes
nombres d'vn costé & d'autre. Ce qu'il falloit demonstrer.

PROPOSITION XXV.

Plusieurs nombres estant donnez, si on
prend quelque nombre moindre que le plus
petit nombre mesuré par les nombres don-
nez, & qu'on oste d'iceluy chascun des nom-
bres donnez tant de fois qu'on pourra, il
restera les mesmes nombres, qui resteront si
on oste en la mesme sorte les nombres don-
nez de la somme du nombre pris & de
quelque multiple du plus petit nombre me-
suré par les nombres donnez. Mais il ne se
treuueraqu'vn nombre seul faisant vn mes-
me effet, entre le dit plus petit nombre me-
suré par les nombres donnez, & le double
d'iceluy ; & vn autre tant seulement, en-
tre le double & le triple ; & vn autre en-
core

core entre le triple & le quadruple, & ainsi à l'infiny.

```
 A 3   B 4   C 5
N--Q--E-P----G-K-L-M-F
```

SOient don-nez les nom-bres. A B C , & soit E G le plus petit nombre mesuré par eux, & qu'on prenne G F moindre que E G , & de G F ostât tant de fois qu'on pourra le nombre A qu'il reste M F , tellement que A mesure G M , & du mesme G F ostant B en la mesme sorte , qu'il re-ste L F , tellement que B mesure G L , & du mesme G F ostant C en mesme façon , qu'il reste K F , tellement que C mesure G K, Ie dis pre-mierement que si au nombre G F on adiouste E G ou quelque mutriple de E G comme son double N G. la somme E F ou N F fait le mesme effet que le nombre G F. C'est à dire qui si de E F ou de N F on oste tant de fois qu'on pourra les nombres A B C , il reste les mesmes nombres M F , L F , K F. Car puisque A mesure les nom-bre E G , G M , il mesure aussi le composé d'i-ceux E M. Doncques quand de E F on ostera A tant de fois qu'on pourra, il restera M F. Sembla-blement à cause que B mesure les nombres E G, G L , & par consequent , E L , quand on ostera B de E F, tant qu'on pourra , il restera L F. Par mesme raison , attendu que C mesure E G , & G K , & par consequent E K , si on oste C de E F tant qu'on pourra, il restera K F. Donc il est euident que E F fait le mesme effet que G F. En la mesme façon on preuuera que N F fait le mes-me effet que G F, & aussi tout autre nombre composé

posé de G F & de quelque multiple de E G.
Donc nous auons suffisamment demonstré la
premiere partie de nostre proposition.

Secondement ie dis qu'entre E G, & son double N G il ne se treuuera point d'autre nombre
hors E F qui fasse vn tel effet, & qu'entre N G, &
le triple de E G, il ne s'en treuuera point d'autre
que N F, & ainsi à l'infiny, qu'entre deux multiples prochains de E G, il ne se treuuera iamais
qu'vn seul nombre faisant vn mesme effet. Car
si entre E G, & N G il s'en peut trouuer vn autre que E F, ou il sera plus grand que E F, ou
plus petit. Qu'il soit premierement plus petit à
sçauoir P F, tellement que de P F ostant les nombres A B C en la sorte que i'ay dite, restent les
nombres M F, L F K F. Alors puisque A mesure
E M & P M, il mesure aussi le restant E P, &
puisque B mesure E L, P L, il mesure aussi le restant E P ; & parce que C mesure E K ; P K, il
mesure aussi le restant E P. Doncques A B C mesurent E P. ce qui est impossible, à cause que E P
est moindre que E G, qui est le plus petit nombre mesuré par A B C. Que si l'on dit que le
nombre tombant entre E G, & N G, est plus
grand que E F, à sçauoir que c'est Q F ; Alors
faisant des argumens tous semblables, on preuuera que A B C mesurent Q E. Ce qui est impossible, pour autant que Q E est moindre que
N E qui est le plus petit nombre mesuré par
A B C. De la mesme façon on demonstrera qu'il
ne peut tomber autre nombre entre N G, & le
triple de E G, fors N F qui fasse le mesme effet, &
ainsi à l'infiny. Doncques nous auons demonstré
tout ce que nous auions proposé.

D

PROPOSITION XXVI.

*Vn nombre eſtant donné, ſi l'on adiou-
ſte enſemble toutes les figures qui l'expriment, et que de la ſomme on reiette le
nombre de 9. tant de fois que l'on pourra,
le reſte ſera eſgal a ce qui reſte diuiſant
le meſme nombre donné, par le nombre
de 9.*

LA demonſtration de ceſte propoſition ne depend que de la façõ de noſtre chiffre, à cauſe
que nous n'auons que neuf figures ſignificatiues
deſpuis 1. iuſques à 9. & que voulant paſſer plus
auant pour exprimer 10. on recommence par 1.
y adiouſtant vn zero qui ne ſignifie rien de ſoy.
C'eſt pourquoy ſi l'on prend vn nombre de dizaines iuſte comme 60. il appert que la figure ſi-
gnificatiue 6. eſt ce qui reſte ſi l'on diuiſe 60. par
9. à cauſe que multiplier 10. par 6. d'ou prouient
60. c'eſt autant que multiplier 9. & 1 qui com-
poſent 10. par le meſme 6. & par conſequent,
parce que tout nombre qui multiplie l'vnité ne
le change point, 60. contient vn multiplie de 9.
& d'auantage 6. Doncques diuiſant 60 par 9. il
reſte 6. Que ſi aux nombres des dizaines on adiouſte vn autre nombre, comme ſi l'on prend
62. il eſt euident que la ſomme de 6. & de 2.
à ſçauoir 8. eſt ce qui reſte diuiſant 62. par 9.
puiſque 60. eſtant diuiſé par 9. il reſte 6. comme
nous

nous auons prouué. Et si le nombre donné estoit
65. il s'ensuiuroit neantmoins le mesme. Car
Car puisque diuisant 60. par 9. il reste 6. il appert qu'y adioustant 5. la somme est 11. dont
ostant 9. le reste 2. est necessairement ce qui
reste diuisant 65. par 9.

Par les mesmes raisons aux nombres expri-
mans les centeines iustes, la premiere figure significatiue, monstre tousiours le nombre qui reste diuisant le nombre des centeines par 9. à
cause que 99 est multiple de 9. & que passant
plus auant pour exprimer cent, on recommence
par 1. y adioustant deux zero. Et le mesme se
preuue de 1000. & de 10000. & de 100000. &
ainsi à l'infiny. Par consequent quel nombre qui
soit donné, comme 3562. puisque diuiser
ce nombre par 9. est autant que diuiser par le
mesme 9. les parties dont il est composé, à sçauoir 3000. 500. & 62. pourueu qu'on prenne
tous les restes, & qu'on regarde encor combien
de fois neuf y est contenu, & puisque diuisant
3000. par 9. le reste est 3. & diuisant 500 par 9.
le reste est 5.& diuisant 62.par 9. le reste est 6.&
2.à sçauoir 8. cóme nous auons preuué il est euident que joignant ensemble tous ces restes, qui
ne sont que les figures qui expriment le nombre
3562. pourueu que de la somme desdits restes on oste 9. tant de fois que l'on pourra, le reste sera iustement ce qui reste diuisant le mesme
3562. par 9. Ce qu'il falloit demonstrer.

ADVERTISSEMENT.

Ceste proposition est le fondement de la preuue de 9. dont plusieurs se seruent aux quatre premieres regles de l'Aritmethique pratique. Laquelle i'ay esté contraint de rapporter icy, à cause que sans son ayde ie ne pouuois parfaictement demonstrer mon troisiesme probleme.

PRO

PROBLEME
PREMIER.

Deuiner le nombre que quelqu'vn aura pensé.

Remierement fais tripler le nombre pensé, & par apres prendre la moitié du produit, s'il se peut faire sans fraction, & s'il ne se peut faire autrement fais y adiouster 1. puis prendre la moitié de tout, laquelle moitié fais derechef tripler, & demande combien de fois il y a 9. en ce dernier triple. Lors pour chasque 9. pren 2. & tu deuineras le nombre pensé. Pren garde seulement que s'il a fallu adiouster 1. pour prendre la moitié, il te faut aussi adiouster 1. au nombre que tu trouueras prenant 2. pour chasque 9. Par exemple quelqu'vn ait songé 6. qu'il le triple viendra 18. qu'il en prenne la moitié, il aura 9. qu'il le triple, viendra 27. Ou 9. est contenu 3. fois; partant tu prendras 3. fois 2. à sçauoit 6. pour le nombre pensé. Or qu'on ait pensé 5. en le triplant viendra 15. à qui il faut adiouster 1. pour en prendre le moitié, & au lieu de 15. on

D 3

aura 16,dont la moitié eft 8.qui triplé derechef,
fait 24.Ou 9.eft contenu 2. fois, partant prenant
2.fois 2.tu auras 4.auquel fi tu adiouftes 1.à caufe de l'vn qu'il a fallu adioufter pour prendre la
moitié,tu trouueras 5. le nombre pensé.

DEMONSTRATION.

Il faut neceffairement que le nombre pensé
foit pair , ou impair , ou que ce foit l'vnité. Po-
fons premierement qu'on eut fongé 1. alors triplant 1.viédra 3.à qui il faut adioufter 1. felon la
regle donnée , & viendra 4. dont la moitié eft 2.
qui triplé derechef fait 6. Partant fi tu demandes combien de fois il y a 9.au dernier triple, on
refpondra qu'il n'y eft point. Dont il s'enfuit
qu'on ne peut auoir pensé qu'vn,à caufe de l'vnité adiouftee , pour faire la partition. Partant en
ce cas la reigle eft bonne & infallible.

D 36.	A 8.	B 24.
4 $\frac{1}{2}$.	1.	C 12.
9.	2.	3.

SEcondement foit A.
le nombre pensé,
nombre pair, lequel tri-
plé faffe B. qui fera pair
par la 28.du 9. partant la moitié de B.foit C. qui
triplé derechef, produife D. Alors puifque multipliant A par 3. & diuifant le produit B.par 2.le
quotient eft C. il faut par la premiere propofit.
qu'il y ait telle proportion de A à C ; que de 2.à
3.& conuertiffant de C à A,que de 3.à 2. Partant
C contient A vne fois & demy.Dõc fi l'on multiplie C par 3. d'où fe produit D,c'eft autant que
fi l'on multiplie par 3. le nombre A pris vne fois
& demy. C'eft donc autant que fi l'on multiplie
A par 4 ½. (car 3 fois 1 ½. fait 4 ½ .) Parquoy le
nombre D fe fait multipliãt A par 4 ½. & partant
par

par la definition de la multiplication, il y a telle
proportion de 4 ½. à D. que de 1. à A. Doncques
si de ces quatre nombres proportionaux, on double le premier, & le troisiesme, d'où se produisent
9. & 2. l'on couclurra par la seconde proposition
qu'il y a telle proportion de 9. à D. que de 2. à A.
Partant autāt de fois que 2. est contenu au nombre pair A, autant de fois precisément 9. est contenu en D. dont il appert de la verité de la regle.

Finalement le nombre pensé A. soit impair,
dont le triple B sera aussi impair par la 29. du 9.
donc adioustant 1. à B. soit fait C, dont la moitié

B 21.	
G 6.	A 7.
H 18.	C 22.
K 9.	D 11.
L 27.	E 33.

soit D; dont le triple soit E. Iè
prens G nombre pair moindre
que A de 1. & son triple soit H.
dont la moitié soit K, dont le triple soit L. Or il appert, puisque A
surpasse G de 1. que B surpasse H
de 3. (à sçauoir du triple de 1.) & par consequent
C surpasse H de 4. Doncques D surpasse K de 2.
(à sçauoir de la moitié de 4.) Parquoy E surpasse
L de 6. (à sçauoir du triple de 2.) partant ayant
esté demonstré en la premiere partie que L contient 9. autant de fois precisément, que G contient 2. Il est euident que E contient 9. autant
de fois aussi, & non pas d'auantage, car il ne surpasse L que de 6. Partant prenant autant de fois
2. que 9. se treuue de fois en E, nous aurons le
nombre G, auquel adioustant 1. comme veut la
reigle, nous aurons A. le nombre pensé. Doncques
nous auons entierement & parfaictement monstré à deuiner le nombre pensé. Ce qu'il falloit
faire.

PROBLEME
SECOND·
Faire le mesme d'une autre sorte.

Ais tripler le nombre pensé, puis prendre la moitié du produit, ou si le nombre est impair adiouster 1. puis prendre la moitié. Fais tripler derechef ceste moitié, puis prendre la moitié de ce triple, ou adiouster 1. comme auparauant si le nombre est impair, à fin de le pouuoir partir en deux. Lors demande combien de fois il y a 9. en la derniere moitié, & pour chasque 9. prens 4. remarquant que si la diuision ne se peut faire la premiere fois sans adiouster 1. il te conuient aussi retenir 1. & si la diuision ne se peut faire la seconde fois, il te conuient retenir 2. Par consequent si toutes les deux fois la diuision ne se peut faire, il te faut retenir 3. Par exemple si l'on auoit pensé 7. le faisant tripler, viendra 21. auquel il faut adiouster 1. pour prendre la moitié qui est 11. dont le triple est 33. auquel aussi ad-iioustant 1. & prenant la moitié, vient 17. Auquel 9. est contenu vne fois seulement. Partát tu pren-dras vne fois 4. auquel tu adiousteras 3. à cause que la diuision ne s'est peu parfaire ny la premie-re ny la seconde fois, & tu auras 7. le nombre pensé.

On

On peut aussi faire ainsi ce probleme. Fais adiouster au nombre pensé la moitié du mesme
nombre, & à ceste somme fais adiouster derechef la moitié de la mesme somme. Puis demande combien de fois il y a 9. & prens 4. pour chasque 9. comme deuant ; mais aussi prens garde que
si le nombre pensé n'a point d'entiere moitié, il
faut faire adiouster 1. & prendre la moitie de ce
nombre, & l'adiouster au nombre pensé. Que si
le mesme aduient la seconde fois, il faut aussi
faire le mesme, & pour la premiere fois retenir
1. pour la seconde 2. pour toutes deux ensemble
3. comme auparauant. Par exemple si l'on auoit
pensé 10. luy adioustant sa moitié vient 15. auquel faut adiouster 1. pour auoir la moitié 8. qui
adioustee à 15. fait 23. Auquel 9. est contenu
deux fois. Partant prenant deux fois 4. tu auras
8. auquel adioustant 2. à cause que la seconde
fois il a fallu adiouster 1 pour prendre la moitié,
tu auras 10. le nombre pensé.

Quelques vns encore prattiquent autrement
ce probleme. Car ils font adiouster au nombre
pensé sa moitié, ou bien (s'il est impair) sa plus
grande moitié. (Car d'autant que tout nombre
impair se peut diuiser en deux nombres, dont
l'vn surpasse l'autre de l'vnité, ils appellent le
plus grand, la plus grande moitié du nombre
impair) & semblablement à ceste somme ils font
adiouster sa moitié ou sa plus grande moitié, puis
demandent combien de fois il y a 9. & pour chasque 9. prennent 4. mais ils demandent encore si
apres auoir osté tous les 9. de la derniere somme,
on en peut oster encore 8. & si cela est, ils retiennent 3. Que si 8. ne s'en peut oster, ils demandent

D 5

fi l'on en peut ôter 5. & pour cela retiennent 2.
Que fi 5. ne s'en peut ôter, ils en font ôter 3.
& pour cela retiennent 1.

DEMONSTRATION.

E 18.	A 8.	B 24.
2 ¼.	1.	C 12.
9.	4.	D 36.

IE demonftre la premiere façon de parfaire ce probleme, car les autres deux font fondees fur les mefmes principes. Il eft certain par la 13. propofit. que tout nombre plus grand que 3. eft pairement pair, ou furpaffe quelque pairement pair de 1. ou de 2. ou de 3. Soit donc premierement le nombre penfé A plus grand que 3. & pairement pair qui triplé faffe B qui fera pairement pair auffi par la dixiefme propofition doncques C. la moitié de B. fera nombre pair par la 4. propofit. parquoy triplant C. le produit D fera nombre pair par la 28. du 9. Soit donc fa moitié E. Or nous auons demonftré au precedent probleme que le nombre D. contient A quatre fois & demi. D'où s'enfuit que E la moitié de D contient le mefme A deux fois & quart

E 18.	A 8.	B 24.
2 ¼.	1.	C 12.
9.	4.	D 36.

(car 2 ¼ eft la moitié de 4 ½) partant multipliant A par 2 ¼ prouiédroit E. Doncques il y a mefme propofition de 2 ¼ à E que de 1. A. Partant multipliant par 4. tant 2 ¼ que 1. d'où fe produifent 9. & 4. il y aura telle proportion de 9. à E que de 4. à A. par la 2. propofit. Or eft-il que 4 mefure A par la 6. propofit. Doncques 9. mefure auffi E,

& au

& autant de fois que 9. est contenu en E, autant de fois 4. est contenu au nombre pensé A. Donc il appert que de ce costé la regle est infaillible & bonne.

B 27.	
G 8.	A 9.
K 24.	C 28.
L 12.	D 14.
M 36.	E 42.
N 18.	F 21.

Secondement soit A le nombre pensé surpassant de 1. le nombre G pairement pair, & triplant A soit fait B. qui sera impair par la 29. du 9. Partant adioustant 1. à B comme veut la regle, soit fait C & le triple de G soit k. Il est certain (comme nous auons demonstré en la derniere partie de la demonstration du precedent probleme) que C. surpasse k de 4. Parquoy k estant pairement pair par la 10. proposit. il faut aussi que C soit pairement pair, par la 6. proposit. dautant qu'il est mesuré par le quaternaire : soit donc D la moitié de G. qui sera nombre pair par la 4. proposit. Partant E le triple de D sera aussi pair par la 28. du 9. On en pourra donc prendre la moitié F. Ie prens aussi L. la moitié de k, puis M. le triple de L ; puis N. la moitié de M. Or puisque , comme il a esté dit, C surpasse k de 4. il faut aduouër que D. surpasse L de 2. (à sçauoir de la moitié de 4.) doncques E surpasse M. de 6. (à sçauoir du triple de 2.) doncques F ne surpasse N. que de 3. (à sçauoir de la moitié de 6.) Partant ayant esté demonstré cy deuant que N. contient 9. autant de fois precisément , que G pairement pair contient 4. Il est euident que F contiendra aussi 9. autant de fois , & non plus (pource que il ne surpasse N que de 3.) Par consequent prenant 4. pour chasque 9. contenu en F,

nous

nous viendrons trouuer le nombre G , auquel adioustant 1. comme veut la reigle nous deuinerons le nombre pensé A. Ce qu'il falloit faire.

G 8.	A 10.
K 24.	B 30.
L 12.	C 15.
	D 45.
M 36.	E 46.
N 18.	F 23.

Troisiesmement soit A. le nombre pensé surpassant de 2. le nombre G. pairement pair. Doncques A. est pairement impair seulement par la 7. proposit. soit donc b. son triple, qui sera aussi pairement impair seulement par la 11. proposit. Partant C. sa moitié sera nombre impair par la 5. proposit. Doncques D le triple de C sera aussi impair par la 29. du 9. Partant adioustant 1. à D. soit fait E dont la moitié soit F. Lors comme auparauant ie prens K. le triple de G, dont la moitié soit L. dont le triple soit M. dont la moitié soit N. Or puisque A. surpasse G de 2. il appert que b surpasse k de 6. (à sçauoir du triple de 2. Par consequent C surpasse L. de 3. (à sçauoir de la moitié de 6.) Partant D surpasse M de 9. (à sçauoir du triple de 3.) & par consequent E surpasse M de 10. Partant F. ne surpasse N. que de 5. (à sçauoir de la moitié de 10.) doncques ie conclus comme auparauant que F contient 9. autant de fois que N. & non plus (à cause que N. contient 9. quelquesfois precisément , & F ne supasse N que de 5. Partant prenant 4. pour chasque 9. contenu en F nous trouuerons le nombre G. auquel adioustant 2. comme veut la regle ; nous deuinerons

uinerons le nombre pensé A. Ce qu'il falloit faire.

Quatriesmement soit A le nombre pensé surpassant de 3. le nombre G pairement pair. Et soit
k le triple de G, donc la moitié soit L. dont le
triple soit M, dont la moitié soit N. & soit aussi
B. le triple de A; qui sera impair par la 29. du 9.
partant luy adioustant 1.

G 8.	A 11.
	B 33.
k 24.	C 34.
L 12.	D 17.
	E 51.
M 36.	F 52.
N 18.	H 26.

soit fait C. Or il appert
puisque A surpasse G de 3.
que B. surpasse K de 9. à
sçauoir du triple de 3.)
partant C. surpasse le mesme K de 10. Doncques K
estant pairement pair par
la 10. proposit. luy adioustant 10.nombre pairement impair seulement, le composé à sçauoir C,
sera pairement impair seulement par la 9. proposit. Soit donc sa moitié D nombre impair par
la 5. proposit. qui surpassera L de 5. (à sçauoir
de la moitié de 10.) & soit E triple de D, qui
estant impair par là 29. du 9. il luy faut adiouster 1. & soit fait F, dont la moitié soit H. Puisque donc, comme nous auons preuué, D surpasse L. de 5. il s'ensuit que E surpasse M de 15.
(à sçauoir du triple de 5.) & par consequent F,
surpasse le mesme M. de 16.) Partant H ne surpasse N. que de 8. (à sçauoir de la moitié de 16.)
Doncques ie conclurray comme auparauant que
H ne contient pas 9.plus de fois que fait le nombre N. Par consequent prenant 4.pour chasque 9.
contenu en H, on trouuera le nombre G; auquel
adioustant 3. comme veut la reigle, on deuinera
le nombre pensé A. Ce qu'il falloit faire.

Finale

Finalement soit le nombre pensé moindre que 4. comme 1. ou 2. ou 3. & premierement soit 1. dont le triple est 3. à qui adioustant 1. vient 4. dont la moitié est 2. qui triplé fait 6. dont la moitié est 3. Où 9. n'est point contenu de fois. Partant prenant 1. seulement pour l'vnité adioustee à la premiere diuision, tu deuineras qu'on à pensé 1.

Secondement le nombre pensé soit 2. dont le triple est 6. dont la moitié est 3. qui triplé fait 9. auquel adioustant 1. vient 10. dont la moitié est 5. où 9 n'est point aussi contenu. Partant tu prendras seulement 2. pour l'vnité adioustee à la seconde diuision.

Troisiesmement le nombre pensé soit 3. dont le triple est 9. auquel adioustant 1. vient 10. dont la moitié est 5. dont le triple est 15. auquel adioustant 1. vient 16. dont la moitié est 8. Qui semblablement ne contient point 9. Mais tu prendras 3. à cause de l'vnité adioustee tant à la premiere qu'à la seconde diuision, & ainsi deuineras le nombre pensé. Doncques nous auons parfaictement monstré à deuiner tout nombre pensé. Ce qu'il falloit faire.

Maintenant il est aisé de monstrer que les deux autres façons de faire ce ieu reuiennent à ceste cy, & ont les mesmes fondemens. Car quant à la seconde nous auons desia monstré cy dessus que tripler vn nombre, & prendre la moitié du produit, c'est autant que multiplier ledit nombre par 1 ½. donc c'est autant que luy adiouster sa moitié. Partant si à ceste somme nous adioustons derechef sa moitié, c'est autant que si nous la multiplions aussi par 1 ½. Doncques c'est autant que si

que ſi nous multiplions le nombre penſé par 2 ¼.
d'autant que 1 ½. par 1 ½. fait 2 ¼. De cecy tu
peux aiſement recueillir la demonſtration entiere de ceſte façon de faire, appliquant toutes les
parties de la demonſtration donnée à icelle ; ce
que j'obmets par brieueté.

Quant à la troiſieſme façon, elle ne differe
quaſi point de la ſeconde : Car il eſt euident que
la plus grande moitié d'vn nombre impair, n'eſt
autre que la moitié du nombre pair prochain,
plus grand d'vn que ledit impair, & quand à ce
qu'à la fin on demande apres qu'on à oſté tous
les 9. s'il reſte 8. ou 5. ou 3. la cauſe de cecy appert aſſez par la ſeconde, troiſieſme, & quatrieſme partie de la preſente demonſtration.

ADVERTISSEMENT.

Quiconque comprendra parfaictement la demonſtra-
tion de ces deux problemes, il luy ſera facile de forger
des regles nouuelles pour deuiner le nombre penſé à l'i-
mitation des precedentes. Car par exemple fay tripler
le nombre penſé, puis prendre la moitié du produit,
puis multiplier ladicte moitié par 5. & prendre encor
la moitié du produit ; tu deuineras le nombre penſé, ſi
tu demandes combien de fois il y à 15 en la derniere
moitié, & ſi pour chaſque 15. tu prens 4. Obſeruant
comme cy deſſus, qu'il faut retenir 1. ou 2. ou 3. ſelon
que la diuiſion ne ſe peut parfaire la premiere, ou la
ſeconde fois, ou toutes les deux enſemble. La cauſe de
cecy eſt, que multiplier vn nombre par 3. & partir le
produit par 2. c'eſt autant que multiplier ledit nombre
par 1 ½. & multiplier vn nombre par 5. & partir le
produit

produit par 2. c'eſt autant que multiplier le meſme nombre par 2 ½. (ces nombres ſe treuuent en diuiſant le multiplicateur par le diuiſeur, car diuiſant 3. par 2. vient 1 ½. & diuiſant 5. par 2. vient 2 ½.) doncques faire ces deux multiplications, & ces deux diuiſions, c'eſt autant que multiplier le nombre penſé par 3 ¾. d'autant que 1 ½. par 2 ½. fait 3 ¾. Ie te laiſſe appliquer tout le reſte de la demonſtration (qui eſt choſe bien aiſee, attendu que 3 ¾. multiplié par 4. fait 15. & tu trouueras que ſi le nombre penſé ſurpaſſe d'vn quelque nombre pairement pair, outre les 15. contenus en la derniere moitié, il y aura encore 5. & ſi le nombre penſé paſſe de 2. quelque pairement pair, à la fin il reſtera 8. & ſi le nombre penſé paſſe de 3. quelque pairement pair, il reſtera 13. à la fin. Partant ſi tu veux imiter la ſeconde, ou troiſieſme façon de parfaire ce probleme, Tu feras adiouſter au nombre penſé ſa moitié ou ſa plus grande moitié (cela eſt autant que le multiplier par 1 ½.) puis à ceſte ſomme tu feras adiouſter vn nombre eſgal à elle meſme, & encore de plus la moitié, ou plus grande moitié de la meſme ſomme (cela eſt autant que la multiplier par 2 ½.) puis tu demanderas combien de fois il y a 15. & pour chaſque 15. tu prendras 4. retenant auſſi 1. ou 2. ou 3. ſelon que la diuiſion ne ſe pourra parfaire la premiere, ou la ſeconde fois, ou toutes deux enſemble. Ou bien apres auoir fait oſter tous les 15. de la derniere ſomme, tu demanderas s'il reſte encor 13. ou 8. ou 5. & retiendras pour cela ou 3. ou 2. ou 1.

Ceſte meſme regle ſe pourroit aucunement changer ſi la premiere fois on faiſoit multiplier le nombre penſé par 5. puis partir par 2. puis multiplier par 3. & derechef partir par 2. Car tout cela ſeroit bien autant que multiplier le nombre penſé par 3 ¾. comme auparauant,

& par

*& partant pour chasque 25. il faudroit aussi prendre 4.
Mais il y auroit de la difference en cela, que si le nombre pensé passoit d'vn quelque pairement pair, la partition ne se pourroit faire sans fraction ny la premiere,
ny la seconde fois, & si le nombre pensé passoit de 3.
quelque pairement pair, la partition ne se pourroit faire
la premiere fois seulement. Partant en tel cas il faut
changer la regle, & si la partition ne se peut faire la
premiere fois seulement, retenir 3. si elle ne se peut faire
la seconde fois seulement, retenir 2. si elle ne se peut faire toutes deux les fois, retenir 1. Il est vray qu'imitant
la troisiesme façon de parfaire ce problema, il n'y a pas
tant de diuersité. Car si le nombre pensé passe d'vn
quelque pairement pair, à la fin tous les 15 ostez il restera 5. comme auparauant, & si le nombre pensé passe
de 2. quelque pairement pair, il reste aussi 8. mais si
le nombre pensé passe de 3. quelque pairement pair il
restera 12. non pas 13. La cause de tout cecy n'est pas
malaisée à trouuer. I'en laisse la recherche au curieux
lecteur, qui suiuant le chemin que ie luy ay tracé, &
se fondant sur les mesmes principes & propositions en
pourra venir facilement à bout.*

*On pourroit aussi faire multiplier par 5. puis partir
par 2. & derechef multiplier par 5. & partir par 2. &
demander combien de fois il y a 25. & pour chasque
25. retenir 4. & ainsi en plusieurs autres manieres.
Prens garde seulement qu'en ceste derniere façon, il
aduient ce que ie viens de dire, à sçauoir que si la partition ne se peut faire iuste toutes deux les fois, il faut
retenir 1. si elle ne se peut faire la seconde fois il faut
retenir 2. si elle ne se peut faire la premiere fois, il faut
retenir 3.*

E

PROBLEME

TROISIESME.

Deuiner le nombre pensé d'vne autre façon.

FAIS tripler le nombre pensé, puis prendre la moitié du produit, & tripler derechef ceste moitié, puis prendre la moitié de ce triple, tout de mesme qu'au probleme precedent, faisant aussi adiouster 1. lors que la partition ne se peut pas faire. Mais au lieu de demander combien de fois il y a neuf en la derniere moitié, demande qu'on te declare toutes les figures, auec lesquelles ladicte moitié s'exprime, excepté vne, pourueu que celle qu'on te cache ne soit point vn Zero, & qu'on te die l'ordre desdictes figures, tant de celles qu'on te manifeste, que de celle qu'on cache. Lors tu deuineras le nombre pensé, adioustant ensemble toutes les figures qu'on te manifeste, & reiettant 9. tant de fois qu'il sera possible, puis soubstraisant ceste somme, ou ce qui reste ayant reietté tous les 9. du mesme nombre de 9. Car le reste sera la figure cachee, ou s'il ne reste rien, ladicte figure cachee sera 9. Au
cas

cas neantmoins que les deux partitions se soient faictes iustement sans addition de l'vnité. Que si la partition n'a pas esté faicte iuste la premiere fois, alors à la somme des figures manifestees tu adiousteras 6.& parfairas le demeurant ainsi qu'il a esté dit. Si la partition n'a pas esté iuste la seconde fois, tu adiousteras 4. à ladicte somme. Si la partition n'a pas esté iuste toutes deux les fois, tu adiousteras vn à la mesme somme. Ainsi doncques ayant treuué la figure cachee tu auras entiere cognoissance de la derniere moitié. Et partant considerant combien de fois il y a 9. & prenant 4. pour chasque 9. & adioustant 1. ou 2. ou 3. selon qu'il sera de besoin, en la mesme façon qu'au probleme precedent, tu deuineras infalliblement le nombre pensé. Par exemple, qu'on ait pensé 24. Apres auoir triplé, & partagé par deux fois, la derniere moitié sera 54. Partant si on te manifeste la premiere figure 5. tu ne feras que soubstraire 5. de 9. & le reste 4. sera la seconde figure cachee. Et si on te manifeste 4. ostant 4. de 9. tu trouueras 5. la premiere figure. Ainsi tu cognoistras que la derniere moitié estoit 54. ou 9 est contenu six fois, & partant prenant 6 fois 4. tu deuineras que le nombre pensé estoit 24.

Que si l'on pense 25. apres auoir triplé & partagé par deux fois, la derniere moitié sera 57. mais la partition n'aura pas esté iuste la premiere fois. Partant si l'on te manifeste la premiere figure 5. tu luy adiousteras 6. & de la somme 11. tu osteras 5. restera 2. que tu osteras de 9. & le reste 7. sera la seconde figure cachee. Ainsi tu sçauras que la derniere moitié est 57 ou 9 est contenu 6 fois, & prenant 4. pour chasque 9. &

adiouftant 1. à caufe de la premiere partition imparfaicte, tu trouueras le nombre penfé.

Que fi l'on te dit qu'en la derniere moitié il y
a trois figures, & que les deux dernieres font 13.
& que la partition n'a pas efté iufte la feconde
fois, tu adioufteras enfemble 1. & 3. & à la fomme 4. tu adioufteras 4. font 8. tu ofteras 8. de 9.
refte 1, pour la premiere figure cachee. Doncques la derniere moitié eftoit 1 13. ou 9. eft contenu 12. fois, & multipliant 1 2. par 4. vient 48.
auquel adiouftant 2. à caufe de la feconde partition imparfaicte, tu auras 50. le nombre penfé.

Finalement fi en la derniere moitié, il y a trois
figures, dont la premiere foit 1. la derniere 7. &
que toutes deux les partitions n'ayent pas efté
iuftes, tu adioufteras les deux figures connues
enfemble, qui font 8. & à 8. tu adioufteras 1.
felon la regle, font 9. qui ofté de 9 ne laiffe rien.
Partant la feconde figure cachee eft 9. & la derniere moitié entiere eft 197. ou 9 eft contenu 21
fois. Doncques multipliant 2 1 par 4. & au produit 84 adiouftant 3. à caufe des deux partitions
imparfaictes, tu trouueras le nombre penfé 87.

DEMONSTRATION.

En premier lieu il appert par la regle donnee,
que ce probleme ne fe peut practiquer, finon
lors que le nombre penfé eft plus grand que 4. à
caufe qu'il faut que la derniere moitié, foit
compofee de deux, ou de plufieurs figures ; ce
qui n'arriuera pas, fi le nombre penfé ne furpaffe 4.

Soit

A	B	C
24	5	4

SOit dónc A le nombre pensé plus grand que 4. Il est certain par nostre 13. proposit. que A est pairément pair, ou qu'il surpasse quelque pairement pair de 1. ou de 2. ou de 3. Soit premierement A pairement pair; & apres qu'on a triplé, & partagé deux fois selon la regle, soit la derniere moitié B C composée des deux figures B & C, & soit connue l'vne desdictes figures seulement. Or il a esté preuué en la premiere partie du probleme precedent, que les deux partitions se font iustes en ce cas, & que B C est multiple de 9. & le contient quelquesfois iustement. Doncques les deux figures B & C ioíntes ensemble, doiuent faire iustement 9. par nostre 26. proposit. Partant si on oste B de 9. il restera C. & si on oste C de 9. il restera B. Ce qu'il falloit demonstrer. Car tout le reste qui concerne ce probleme en ce cas, a esté demonstré en ladicte premiere partie du precedent.

A	B	C
25	5	7
D		E
24	5	4
	F	
	63	

SEcondement soit A le nombre pensé surpassant de l'vnité, le nombre pairement pair D, & apres qu'on a triplé & partagé par deux fois selon la regle, soit la derniere moitié B C, composée des deux figures B & C, dont l'vne soit connue. Soit aussi E. la derniere moitié qui reste, quand on a triplé & partagé le nombre D par deux fois, & à E adioustant 9. soit fait le nombre F. Or il appert par la seconde partie du probleme precedent, qu'en ce cas la premiere

E 3

```
A   B C
25  5 7
D     E
24   54
   F
   63
```

partition n'a pas esté iuste, & que le nombre B C surpasse E, de 3. & par consequent puisque F surpasse E de 9. le mesme F surpasse B C, de 6. Par ainsi adioustant 6 à B C, on fera le nombre F. Mais E est multiple de 9. par la premiere partie du precedent probleme, & par consequent F qui surpasse E de 9 iustement, est aussi multiple de 9. Doncques le nombre B C auec 6. est aussi multiple de 9. Partant si l'on ioint ensemble les figures B, & C, & 6. & qu'on reiette les 9. il ne restera rien, par nostre 26. proposition; car il se fera vn nombre de neufs iuste. Supposant donc que B me soit cognu, si ie luy adiouste 6. & que de la somme i'oste 9. s'il se peut faire, il faut que le reste, ou ladicte somme (si elle est moindre que 9) adioustee à C, fasse 9 iustement. Doncques si i'oste de 9. ledit reste, ou ladicte somme, il me restera la figure incognue C. Ce qu'il falloit demonstrer.

```
A   B C
38  8 6
D     E
36   81
   F
   90
```

TRoisiesmemet soit le nombre pensé A surpassant de 2. le nombre D pairement pair, & apres qu'on a triplé & partagé deux fois selon la regle, la derniere moitié, d'vn costé soit B C, & de l'autre E, & adioustant 9 au nombre E, soit fait F. Il appert par la troisiesme partie du probleme precedent, que la partition n'a pas esté faicte iustement la seconde fois, & que B C surpasse E de cinq. Et partant puisque

F sur

F surpasse le mesme E de 9. il s'enfuit que F surpasse B C, de 4 seulement. Mais E est multiple
de 9. par la mesme troisiesme partie du problem e
precedent, & par consequent F qui surpasse E
de 9 iustement, est aussi multiple de 9. Doncques B C ioint auec 4 est aussi multiple de 9.
C'est pourquoy adioustant ensemble les figures
B & C, & y ioignant 4. & reiettant tousiours 9.
il ne restera rien, par nostre 26. proposition.
Doncques si l'vne desdictes figures est connue,
par exemple B, luy adioustant 4. & reiettant 9.
& ostant le reste du mesme 9. le reste necessairement est esgal à C. Ce qu'il falloit demonstrer.

A	B	C
39	8	9
D		E
36		81
	F	
	90	

Finalement soit le nombre
pensé A, surpassant de 3. le
nombre pairement pair D, &
que tout le reste de la construction se fasse, comme aux deux
cas precedens. Il appert par la
quatriesme partie du precedent
probleme, que E est multiple de 9. & par consequent F aussi, & que B C surpasse E de 8. & par
consequent F surpasse B C de 1. Dont s'ensuit
que les figures B & C ioinctes ensemble aues
l'vnité, font vn nombre de neufuaines iuste, par
nostre 26. proposition. Partant si B est cognu,
luy adioustant 1. & reiettant 9. le reste auec C,
doit faire iustement 9. Doncques si on oste ce
reste de 9. on aura la figure C. Ce qu'il falloit
demonstrer.

Que s'il arriue qu'adioustant 1. à B, la somme
soit iustement 9. il faut que C soit aussi 9. ou

E 4

A	D	C
19	8	9
D		E
36	8	1
	F	
	9 0	

bien Zero : Mais il ne peut estre Zero, par l'exception apposée à la regle. Doncques c'est 9 infalliblement. Et le mesme accident arriuant en tous les cas precedens, on conclurra le mesme, par les mesmes raisons.

Quant au reste de la regle, à sçauoir que B C estant entierement cognu, il faut regarder combien de fois il côtient 9. & pour chasque 9 prendre 4. & adiouster tantost 1. tantost 2. tantost 3. selon les diuers cas, tout cela a esté demonstré au problème precedent.

ADVERTISSEMENT.

L'honneur d'auoir le premier inuenté la façon de ce problème, en ce qu'il adiouste sur le precedent, ie le cede franchemēt au R.P. Iean Chastelier de la compagnie de Iesus. Il est vray que ie ne tiens point de luy, ny la regle pour deuiner le nombre pensé, ny la demonstration. Mais seulement il me proposa par vne sienne lettre ce problème, en forme de question, & en ces mesmes termes, sinon qu'ils estoient en latin.

Quelqu'vn ayant pensé vn nombre, & luy ayant adiousté sans fraction sa moitié, ou sa plus grande moitié, si autrement faire ne se peut, & ayant adiousté derechef à ceste somme, sa moitié, ou sa plus grande moitié, en la mesme façon, & ceste derniere somme estant manifestée toute, fors vne seule figure significatiue, telle que voudra cacher celuy qui a pensé le nombre : deuiner le nombre pensé. Mais il est necessaire qu'on sçache, si les additions des moitiez se sont faictes precisement, ou non.

Sur

Sur ceſte propoſition ie treuuay dans fort peu
de temps, & la regle que i'ay donnee, & ſa demonſtration, laquelle i'ay bien voulu communi-
quer au Lecteur curieux, ſans toutesfois deſro-
ber au premier inuenteur, la gloire qui luy en eſt
deuë.

Au reſte il eſt euident, que la practique de ce
Probleme, eſtant toute la meſme, que celle du
precedent hors le dernier point, on ſe peut ſeruir non ſeulement de la premiere façon de le
faire: mait auſſi de la ſeconde, comme on peut
voir auſſi que le P. Chaſtelier ſe ſeruit de la ſeconde, en la propoſition qu'il me fit.

Quant à la condition appoſee, à ſçauoir qu'il
ne faut pas que la figure cachee ſoit vn zero, la
derniere partie de la demonſtration en fait voir
la cauſe, qui eſt qu'en ce cas là, on ne pourroit
pas ſçauoir certainement, ſi la figure cachee doit
eſtre vn zero, ou vn 9. Dont on peut recueillir,
que ladicte condition ſe peut changer, & qu'on
peut reſeruer tout de meſme, que la figure cachee ne ſoit poinſt vn 9. Et veritablement ſans
l'vne ou l'autre de ces deux reſerues, il arriuera
fort ſouuent que la ſolution du Probleme ſe
trouuera ambigue. Comme au premier cas, ſi
l'on te dit que la premiere des deux figures de la
derniere moitié eſt 9. tu ne ſçaurois diſcerner ſi
la ſeconde figure cachee eſt vr zero ou 9. ny deuiner par conſequent, ſi l'on à penſé 40. ou 44.
ſemblablement au ſecond cas, ſi la premiere des
deux figures eſt 3. tu ne peux ſçauoir certainement, ſi la ſeconde eſt vn zero, ou 9. ny deuiner ſi le nombre penſé aſt 15. ou 17. Et au troiſieſme cas, ſi la premiere figure eſt 5. il ſe peut

faire que la feconde est vn zero, ou vn 9. & que
le nombre pensé est 22. ou 26. finalement au
dernier cas, si la premiere figure est 8. il est in-
certain si la feconde est vn zero, ou bien vn 9. &
si le nombre pensé est 35. ou 39. Il faut donc necessairement referuer, que la figure cachee, ne
soit iamais vn zero, ou si l'on veut permettre
cela, il faut referuer, qu'elle ne soit iamais vn 9.

PROBLEME
QVATRIESME.

Faire le mesme encor diuersement.

Ais doubler le nombre pensé, & à ce double fais adiouster 5. puis multiplier le tout
par 5. puis adiouster 10. & multiplier le tout par
10. Lors t'enquerant quel est ce dernier produit,
& en oſtant d'iceluy 350. du reste, le nombre des
centaines, fera le nombre pensé. Par exemple
qu'on ait pensé 3. son double est 6. auquel adiouſtant 5. vient 11. qui multiplie par 5. fait 55. auquel adiouſtant 10. prouient 65. qui multiplié
par 10. produit 650. duquel si tu oſtes 350. reste-
rà 300. où tu vois clairement que le nombre des
centaines, à fcauoir 3. est le nombre pensé.

DEMON

DEMONSTRATION.

```
            2.
      A 3.      B 6.
   H 30.    5.
      D 55.      C 11.
   25,      10,
   35. F 650.    E 65.
        350.
      G 300.
```

SOit A, le nombre pensé, qui doublé fasse B, auquel adioustant 5. vienne C. qui multiplié par 5. produise D, auquel adioustant 10. se fasse E qui multiplié par 10. produise F dont ostant 350. soit le reste G. Ie dis que prenant autant d'vnitez qu'il y a de centaines en G on deuinera le nombre pensé A. Car puisque C. est composé de B.& de 5. Ce sera autant multiplier C. par 5. que multiplier par le mesme 5. les parties dont C. est composé, à scauoir B,& 5. par la premiere du second d'Euclide. Or on scait assez que multipliant 5. par 5. le produit est 25. soit donc H produit de la multiplication de B par 5. Partant il s'ensuit que D est esgal à H, & à 25 ioints ensemble. Par consequent puisque adioustant 10. à D, prouient E,& adioustant aussi 10 à 25. prouiēt 35. Il est certain que H & 35. ensemb.e sont esgaux à E. Doncques c'est autant multiplier E par 10. que multiplier H & 35. par le mesme 10. par la 1. du second. Partant F est esgal à ce qui se fait multipliant H. par 10. ioint à ce qui se fait multipliant 35. par 10. Or multipliant 35. par 10. prouient 350. Doncques F contient 350. & le produit de la multiplication de H par 10. Par consequent puisque ostant 350. de F le reste est G, il faut dire necessairemēt que le produit de la multi-

tiplica

```
              2.
      A 3.   B 6.
  H 30.   5.
     D 55.        C 11.
   25.        10.
  35. F 650.   E 65.
            350
         G 300
```

tiplication de H. par 10. Cela supposé prenons les trois nôbres 2. A 5. Il est certain par la 3. proposition qu'en quelle façon, & par quel ordre que nous les multiplions ensemble, le produit sera tousiours le mesme. Or multipliant A par 2. & le produit B par 5. nous faisons H. Doncques le mesme H. se fera si l'on multiplie 2. par 5. & le produit 10. par A. Puis donc que A multiplié par 10. fait H, considerons maintenant les trois nombres 10. A 10. par la mesme 3. proposition il s'ensuit que nous aurons le mesme nombre multipliant A par 10. & le produit H par 10. que nous aurions multipliant 10. par 10. & le produit 100. par A Or nous auons preuué que multipliant H par 10. le produit est G. Doncques le mesme G se produira multipliant A par 100. Partant G contient 100. autant de fois que A contient l'vnité. Doncques la regle est bonne.

ADVERTISSEMENT.

Si tu consideres bien les fondemens de ceste demonstration qui ne sont autres que la premiere du second appliquée aux nombres, & nostre 3. proposition, tu comprendras aisément le moyen de diuersifier la practique de ce Probleme en cent mille façons : car premierement si tu veux tousiou.s que le nombre des centaines. exprime le nombre pensé, & que les multiplications se fassent par 2 par 5 & par 10. comme auparauant, mais seulement

lement que le nombre qui se soubstrait de la derniere
somme, à sçauoir 350. soit change. Prens garde que 350.
est prouenu du 5. qu'on a adiousté du commencement,
lequel multiplié par 5. a fait 25. auquel adioustant 10.
est prouenu 35. qui finalement multiplié par 10. a produit 350. Doncques si tu veux changer 350. change
les nombres que tu fais adiouster, par exemple au lieu
de 5. fais adiouster 4. & 12. au lieu de 10. ou bien tels
autres nombres qu'il te plaira, & lors pour sçauoir quel
nombre il faudra soubstraire, multiplie le premier 4.
par 5. viendra 20. auquel adiouste 12. viendra 32. qui
multiplie par 10 fera 320. le nombre qu'il conuiendra
soubstraire de la derniere somme : & ainsi si tu changes
encore les 4. & 12. tu changeras aussi 320. Partant
desia par ce moyen le Probleme se peut parfaire en infinies sortes differentes.

Secondement voulant encor que le nombre des centeines monstre le nombre pensé, tu peux toutesfois changer les multiplicateurs. Car nous auons conclu que le
nombre G, se fait multipliant le nombre pensé A, par
100. pource que les trois multiplicateurs 2. 5. & 10. dont
nous nous sommes seruis, multipliez ensemble font 100.
d'autant que 2. fois 5. font 10. & 10. fois 10. font 100.
Doncques pourueu que tu prennes pour multiplicateurs des nombres qui multipliez ensemble faßent 100.
il n'importe quels ils soyent. Partant premierement tu te
peux seruir des mesmes 2. 5. & 10. en changeant l'ordre seulement comme faisant en premier lieu, multiplier
par 5. puis par 10. puis par 2. ou bien premierement
par 10. puis par 2. & en fin par 5. ou autrement.

En apres tu peux prendre d'autres nombres qui fassent le mesme effect comme 5. 4. 5. ou bien 2. 25. 2. seulement prens garde qu'en tous ces changemens le nombre qu'il faut soubstraire à la fin change aussi, selon la
diuersité

diuersité des multiplicateurs, & des nombres qu'on fait adiouster. Par exemple prenons 5.4.5. pour multiplicateurs, & pour nombres à adiouster 6. & 9. & soit le nombre pensé 8. Qu'on le multiplie par 5. viendra 40. auquel adioustant 6. viendra 46. qui multiplié par 4. fera 184. auquel adioustant 9. viendra 193. qui multiplié par 5. donnera 965. Or pour sçauoir quel nombre il faut soubstraire de 965. considere qu'apres auoir adiousté le premier nombre 6. on a multiplié par 4. puis on a adiousté 9. & multiplié par 5. Doncques multiplie 6 par 4. viendra 24. adiouste 9. viendra 33. qui multiplié par 4. donne 165. le nombre qu'il faut soubstraire. Aussi de 965. ostant 165. il reste 800. ou le nombre des centeines est le nombre pensé.

Troisiesmement tu peux prendre tout autre nombre que 100. & faire qu'il soit contenu au restant de la substraction autant de fois qu'il y aura d'vnitez au nombre pensé : & pour ce faire il ne faut que choisir pour multiplicateurs des nombres qui multipliez ensemble fassent le nombre que tu veux. Comme si tu veux prendre 24. choisis pour multiplicateurs. 2.3.4. ou bien 2. 6. 2. Mais sçaches aussi treuuer le nombre qu'il te faudra soubstraire à la fin, ainsi que ie t'ay enseigné cy dessus. Par exemple prenons pour multiplicateurs 2.3. 4. & pour nombres à adiouster 7. & 8. & soit le nombre pensé 5. qui double fera 10. à qui adioustant 7. vient 17. qui multiplié par 3. fait 51. à qui adioustant 8. prouient 59. qui multiplié par 4. fait 236. Or pour sçauoir quel nombre il faut soubstraire, multiplie 7. par 3. vient 21. adiouste 8. vient 29. qui multiplié par 4. donne 116. Doncques de 236. oste 116. restera 120. ou tu vois que 24. est contenu 5. fois, & par là tu iuges que le nombre pensé estoit 5. Tu peux aussi ne prendre que deux multiplicateurs, & n'adiouster qu'vn nombre, comme

comme si tu voulois que le nombre des dizaines expri-
mat le nombre pensé, prens 2. & 5. pour multiplicateurs,
& 6. pour nombre à adiouster, & soit par exemple le
nombre pensé 7. qui doublé sera 14. auquel adioustant
6. viendra 20. qui multiplié par 5. produira 100. dont
il faut oster 30 (d'autant que 6 fois 5. font 30.) & le reste 70. contient 7. dizaines, autant qu'il y a d'vnitez au
nombre pensé. Semblablement on pourroit prendre
quatre, cinq, ou six, ou plusieurs multiplicateurs, & adiouster d'auantage de nombres, comme ie laisse considerer au prudent Lecteur.

Finalement on peut diuersifier la pratique de ce Probleme vsant de soubstraction au lieu d'addition, & par
consequent à la fin vsant d'addition au lieu de soubstraction. Comme si tu te veux seruir des nombres donnez au premier exemple, soit 12. le nombre pensé, fais-le
doubler, viendra 24. d'où fais oster 5. restera 19. qui
multiplié par 5. fera 95. d'où fais oster 10. restera 85.
qui multiplié, par 10. produira 850. Mais maintenant
il faut adiouster 350. à 850. au lieu de le soubstraire, &
la somme sera 1200. ou le nombre des centaines exprime le nombre pensé 12. La demonstration de cecy est
facile, supposé ce que nous auons demonstré, & n'est
point besoin de s'y arrester d'auantage.

PRO

PROBLEME

CINQVIESME.

Deuiner encor le nombre pensé
d'vne autre sorte.

Este façon semble plus ingenieuse que les autres, bien que la demonstration en soit plus aisee. Fay multiplier le nombre pensé par quel nombre que tu voudras, puis diuiser le produit par quel autre que tu voudras, puis multiplier le quotient par quelque autre, & derechef multiplier, ou diuiser par vn autre, & ainsi tant que tu voudras. Voire mesme s'il te plait remets cela à la volonté de celuy qui aura sógé le nombre, pourueu qu'il te die tousiours par quels nombres il multiplie, & par quels il diuise. Mais pour deuiner le nombre pensé, prens en mesine temps quelque nombre à plaisir, & fais sur luy secrettement toutes les mesines multiplications & diuisions, & lors qu'il te plaira d'arrester, dis à celuy qui a songé le nombre, qu'il diuise le dernier nombre qui luy reste, par le nombre pensé; Toy semblablement diuise ton dernier nombre par le premier que tu auras pris, & sois asseuré que le quotient de ta diuisió sera le mesme que le quotient de la sienne. Partant fais adiouster à ce

quotient

quotient le nombre pensé & demande qu'il te declare ceste somme., alors ostant d'icelle le quotient connu, tu sçauras infalliblement que le reste c'est le nombre pensé. Par exemple soit le nombre pensé 5. fai-le multiplier par 4. viendra 20. fai-le diuiser par 2. viendra 10. fai-le multiplier par 6. viendra 60. fai-le diuiser par 4. viendra 15. & ainsi fay multiplier & diuiser tant qu'il te plaira, mais en mesme temps choisis quelque nombre, & fais sur luy toutes les mesmes operations. Par exemple prens 4. qui multiplié par 4. fait 16. qui diuisé par 2. fait 8. qui multiplié par 6. fait 48. qui diuisé par 4. donne 12. Lors si tu te veux arrester là, dis à celuy qui a songé le nombre qu'il diuise son dernier nombre à sçauoir 15. par le nombre pensé 5. le quotient sera 3. & tu vois bien aussi que tu auras le mesme quotient si tu diuises ton dernier nombre 12 par le premier que tu auois pris qui est 4. Partant des-maintenant tu peux faire vn assez plaisant ieu deuinant le quotient de ceste derniere diuision, chose qui semblera bien admirable à ceux qui en ignoreront la cause. Que si tu veux auoir le nombre pensé, sans faire semblant de sçauoir ce dernier quotient, fais adiouster ledit nombre pensé, audit dernier quotient, & demande la somme de ceste addition, qui est 8 en l'exemple donné, d'où si tu soubstrais le quotient connu à sçauoir 3. te restera infalliblement le nombre pensé 5.

F

DEMONSTRATION.

A 5.		F 3.
B 20.	N 4.	G 12.
C 10.	P 2.	H 6.
D 60.	Q 6.	K 36.
E 15.	R 4.	L 9.
	M 3.	

SOit A le nombre pensé, qui multiplié par N, fasse B. qui diuisé par P; donne C. qui multiplié par Q, produise D. qui diuise par R. fasse E. & prens d'vn autre costé le nombre F. qui multiplié aussi par N. fasse G. qui diuisé par P. donne H. qui multiplié par Q produise K. qui diuise par R. fasse L. Alors diuisant E par le nombre pensé A. soit le quotient M. Ie dis que le mesme quotient M. prouiendra diuisant L par F. Car puisque le mesme N. multipliant les deux A. F. produit B. & G. il y a telle proportion de B à G. que de A. à F. & parce que le mesme P. diuisant les deux B.G. produit C, & H. il y a mesme proportion de C à H ; que de B. à G ; & par consequent la mesme que de A. à F. semblablement par mesme raison il y a mesme proportion de D à K, que de C à H ; & par consequent la mesme que de A à F. & finalement il y a mesme proportion de E à L. que de D à K, c'est à sçauoir que de A. à F Doncques par la proportion alterne, il y a telle proportion de E à A, que de L à F, Partant diuisant E par A, & L par F, il prouiendra le mesme quotient par la 14. proposition Cela preuué le reste de la regle est euident. Car cognoissant le quotient M, si tu y fais adiouster le nombre pensé A; il est certain que de la somme ostant le quotient M. cognu, le reste sera A. Doncques

ques

ques nous auons bien monstré à deuiner le nombre pensé. Ce qu'il falloit faire.

ADVERTISSEMENT.

On peut changer infiniment la practique de ce Pro-
bleme, d'autant qu'on peut faire multiplier & diuiser
par diuers nombres tels que l'on veut, & n'importe
que l'on fasse multiplier, puis diuiser alternatiuement,
ou que l'on fasse multiplier deux ou trois fois de suite,
puis diuiser semblablement. L'on peut aussi ayant cognu
le dernier quotient vser de soubstraction, au lieu d'ad-
dition, si le nombre pensé se treuue moindre qu'iceluy
quotient. Comme en l'exemple donné en la demonstra-
tion si l'on se fut arresté apres auoir multiplié par 6. le
dernier nombre, d'vn costé eut esté 60. de l'autre 36.
Partant faisant diuiser 60. par le nombre pensé 5. le
quotient est 12. qui te viendra pareillement diuisant
36. par le nombre 3. pris du commencement. Partant si
du quotient 12. tu fais soubstraire le nombre pensé, de-
mandant combien il reste, on te respondra qu'il reste 7.
Donc il est certain que si tu soubstrais 7. du quotient
cogneu 12. le reste 5. est le nombre pensé. L'on peut aussi
à ce dernier quotient cogneu faire adiouster, ou soub-
straire d'iceluy non tout le nombre pensé, mais quelque
partie d'iceluy, comme la moitié, le tiers, le quart, ou
quelque autre. Car cognoissant la partie d'vn nombre,
il n'est pas malaisé de cognoistre tout le nombre.

PROBLEME
SIXIESME.

Faire encor le mesme d'vne
autre façon.

CEste façon est la plus difficile à practiquer de toutes, & la demonstration en est assez cachee. Prens deux, ou trois, ou plusieurs nombres premiers entre eux, de telle sorte que chacun d'iceux soit premier à chascun des autres, comme sont ces trois 3.4.5. & cherche le moindre nombre qui est mesuré par iceux, qui en l'exemple donné est 60. Lors dis à celuy qui doit penser le nombre, qu'il en pése quelqu'vn qui ne passe point 60. & mets peine de treuuer vn nombre qui estant mesuré par 3.& 4. surpasse de l'vnité quelque multiple de 5. quel est 36. semblablement treuue vn nombre qui estant mesuré par 3.& 5. surpasse de l'vnité quelque multiple de 4. quel est 45. finalement cherche vn nombre qui estant mesuré par 4.& 5. surpasse de l'vnité quelque multiple de 3. quel est 40. Ayant ces trois nombres, fais oster 3. tant de fois qu'on pourra du nombre pensé, & qu'on te die ce qui reste,& pour autant d'vnitez qu'il restera prens autant de fois 40. Semblablement fais oster 4. tant qu'on

pourra

pourra du nombre penſé, & demandant le reſte,
pour chaſque vnité reſtante retien 45. finalement fais auſſi oſter tous les 5. du nombre penſé, & pour chaſque vnité qui reſtera, retien 36.
Puis adiouſte enſemble tous les nombres que tu
as retenu,& ſi la ſomme eſt moindre que 60. elle
ſera eſgale au nombre penſé,mais ſi elle paſſe 60.
oſtant d'icelle 60. tant de fois que tu pourras, le
reſte ſera le nombre penſé.

Par exemple qu'on ait ſongé 19.en oſtant tous
le 3. d'iceluy reſte 1. pour lequel tu retiendras
vne fois 40. en oſtant tous les 4. reſte 3. partant
tu retiendras 3 fois 45. à ſçauoir 135. en oſtant
tous les 5. reſte 4. partant tu retiendras 4. fois
36. à ſçauoir 144. Or adiouſte enſemble 40.135.
& 144. la ſomme ſera 319. d'où ſi tu oſtes 60.
tant de fois qu'on le peut oſter, il reſtera 19. le
nombre penſé. Que ſi oſtant tous les 3. tous les
4.& tous les 5.il ne reſtoit iamais rien,le nombre
penſé ſeroit infalliblement 60.

DEMONSTRATION.

A 3. B 4. C 5. D 60.
E 36. F 45. G 40. H 59.
K 2. L 3. M 4.
N 80. O 135. P 144.
Q 359.

SOiét les nõ-
bres A B C,
dont chaſcũ ſoit
premier à chaſ-
cun des autres,
& le moindre
nombre qu'ils meſurent ſoit D. En apres qu'on
trouue par la 20. de ce liure, le nombre E multiple de A & de B, ſurpaſſant de l'vnité vn multiple de C. Qu'on trouue ſemblablement le nom-
F multiple de A & de C, ſurpaſſant de l'vnité, vn

A 3.	B 4.	C 5.	D 60.
E 36.	F 45.	G 40.	H 59.
K 2.	L 3.	M 4.	
N 80.	O 135.	P 144.	
	Q 359.		

multiple de B. Et qu'on trouue encor le nombre G multiple de B & de C, ſurpaſſant de l'vnité vn multiple de A. Alors le nombre penſé ſoit H moindre que D. & qu'on oſte A de H tant de fois qu'il ſe peut faire, & ſoit le reſte k, lequel multipliant G, faſſe N. Qu'on oſte auſſi B de H taut de fois qu'on pourra, & ſoit le reſte L. lequel multipliant F, faſſe O. Qu'on oſte de meſme C de H tant de fois qu'on peut, & ſoit le reſte M, lequel multipliant E, faſſe P. Et la ſomme des nombres N O P, ſoit Q. Ie dis que Q eſt eſgal au nombre penſé H, ou bien que ſi de Q on oſte D tant de fois que faire ſe peut, le reſte eſt eſgal audit nombre penſé H. Car puiſque A & B meſurent E, ils meſurent auſſi P, qui eſt multiple de E, & par meſme raiſon A & C meſurent O, & B & C meſurent N. Partant A meſure O & P. Or parce que G ſurpaſſe de l'vnité vn multiple de A, le produit de la multiplication de G par K, à ſçauoir N, ſurpaſſe vn multiple de A, du nombre k, comme il appert par la conſtruction de la 21. de ce liure. C'eſt pourquoy ſi à N l'on adiouſte O & P, qui ſont multiples de A, la ſomme Q ſurpaſſera auſſi du nombre K, vn multiple de A, d'où s'enſuit que ſi de Q on oſte A, tant de fois que faire ſe peut, le reſte ſera k. Par vn ſemblable argument on prouuera, que ſi de Q, on oſte B tant de fois que faire ſe peut, il reſtera L, & que ſi du meſme Q, on oſte C tant de fois que faire ſe peut, le reſte ſera M. Doncques oſtant chaſcun des trois nombres A B C, du

nombre

nombre Q, il reste les mesmes nombres K L M, qui restent ostant les mesmes trois nombres A B C, du nombre pensé H. Partant si Q est moindre que D, comme nous auons aussi supposé que H soit moindre que le mesme D, il est euident que Q est esgal à H. par la 24. de ce liure. Mais si Q est plus grand que D, il est certain que ledit Q, est composé d'vn multiple de D, & du nombre H, par la 25. de ce liure. Doncques si de Q. l'on oste D tant de fois que faire se peut, le reste sera infalliblement esgal à H. Ce qu'il falloit demonstrer. On ne peut pas soustenir que Q peut estre esgal à D. Car si cela estoit, les nombres A B C mesureroient ledit Q, ce qui est impossible, attendu que nous auons demonstré, qu'ostant de Q. lesdits A B C, tant de fois que faire se peut, restent les nombres K L M.

ADVERTISSEMENT.

Ceste façon de deuiner le nombre pensé a esté touchée par Forcadel en ses annotations sur l'Arithmetique de Gemme Frise, & par Guillaume Gosselin en la premiere partie de sa traduction de l'Aritmethique de Nicolas Tartaglia, & en ces lieux l'vn & l'autre se vantent d'en donner la demonstration, bien que ny l'vn ny l'autre n'en approche pas.

Quant à Forcadel il appert assez qu'il n'a point compris la cause vniuerselle de ce Probleme. Car il ne parle que de deux nombres premiers entre eux, & encore veut-il que l'vn surpasse l'autre de l'vnité. Et ce qui est le pis ils ne demonstre pas bien ceste particuliere façon de faire. Or est-il qu'on peut prendre deux, trois,

F 4

quatre, ou plufieurs nombres premiers entre eux, de la façon que nous auons dit, & parfaire toufiours le Probleme, & quand on n'en prendroit que deux, il n'eſt point neceſſaire que l'vn ſurpaſſe l'autre de l'vnité ſeulement. *Car prenons par exemple* 5. & 9. Alors on pourra penſer quelque nombre qui ne ſurpaſſe point 45. (d'autant que 45. eſt le moindre nombre meſuré par 5. & 9.) & pour chaſque vnité reſtante apres qu'on aura oſté tous les 5. ie retiendray autant de fois 36. (car 36. eſt meſuré par 9. & ſurpaſſe de l'vnité vn multiple de 5.) ſemblablement pour chaſque vnité reſtante apres auoir oſté tous les 9. ie retiendray 10. (car 10. eſt meſuré par 5. & ſurpaſſe 9. de l'vnité) ſoit donc, par exemple, le nombre penſé 21. en oſtant d'iceluy tous les 5. reſte 1. Partant ie retiens 36. En oſtant tous les 9. reſte 3. Partant ie retien 3. fois 10. à ſçauoir 30. Puis i'adiouſte 36. & 30. dont la ſomme eſt 66. d'où i'oſte 45. & reſte 21. le nombre penſé.

Quant à *Goſſelin* il à bien propoſé la façon de ce Probleme plus generalement, mais il n'a fait que ſemblant de le vouloir demonſtrer, car en effeƈt il ne demonſtre rien.

Moy auſſi en la premiere impreſſion de ce liure, ie ne donnay pas la demonſtration de ce Probleme, à cauſe que ie ne voulus pas le groſſir des douze propoſitions, que i'ay eſté contraint d'y adiouſter, preſque pour ce ſeul ſubjeƈt, & que ie penſois de publier au premier iour mes *Elemens Aritmethiques,* dont i'ay tiré leſdiƈtes propoſitions. Mais conſiderant qu'eſtant diuerti par pluſieurs autres occupations, ie ne pouuois pas ſi toſt faire imprimer meſdits elemens, & voulant contenter le Libraire, qui me ſollicitoit de mettre derechef ce liure ſous la preſſe, & me prioit de le corriger &

augmenter

*augmenter : ie me suis resolu d'y mettre la derniere
main, & de ne tenir plus le lecteur en attente, pour ce
qui concerne ce probleme, & quelques vnes des subtilitez adioustees à la fin de ce liure, qui dependent
aussi des mesmes propositions, desquelles despend la demonstration precedente.*

*Or encor qu'il me semble que ma demonstration soit
assez accomplie, si veux-ie encor esclaircir deux points,
où le lecteur pourroit trouuer de la difficulté. Le premier est, que requerant en ce probleme, qu'on prenne
plusieurs nombres premiers entre eux, tellement que
chascun d'eux soit premier à chascun des autres, ie
n'ay point enseigné le moyen de treuuer des nombres de
telle nature. Le second, que ie n'ay point demonstré,
qu'il soit necessaire de se seruir de nombres, qui ayent
ceste proprieté.*

*Pour le premier point il est aisé d'y satisfaire. Car
premierement pour auoir deux nombres premiers entre
eux, on peut en prendre deux differens de l'vnité, car si
tels nombres auoyent quelque commune mesure autre
que l'vnité, on preuueroit que quelque nombre mesurant le plus grand, & mesurant le moindre osté du
plus grand, mesureroit aussi l'vnité restante, ce qui est
impossible. En apres si l'on ioinct ensemble deux nombres premiers entre eux, leur somme sera nombre premier à chascun d'iceux par la 30. du 7. Partant voylà vn moyen certain d'en auoir trois tels que nous de-
sirons. De plus pour en auoir tant que l'on voudra,
il ne faut que prendre autant de nombres qui soyent
premiers de leur nature, tels qu'Euclide les definit en
la 12. definition du 7. Et qu'on en puisse treuuer tant
que l'on desirera, le mesme Autheur le demonstre en
la 20. du 9.*

Maintenant qu'il soit necessaire que les nombres

que nous choififfons pour faire ofter du nombre penſé,
ſoyent premiers entre eux , delle ſorte , que chaſcun
d'iceux ſoit premier à chaſcun des autres , ie le demonſtre en ceſte façon. Qu'on ait choifi les trois. *A. B. C.*
& que quelqu'vn vueille dire que les deux *A. C.* peuuent eſtre communiquans ou compoſez entre eux. Io
dis que cela ſuppoſé, le probleme ne ſe peut parfaire en
la façon cy deſſus expoſée ; car on ne pourra iamais
treuuer vn nombre, qui meſuré par les deux *A. B.* ſurpaſſe d'vne vnité ſeule le reſtant *C.* ou quelque ſien

multiple , ny vn qui meſuré
par les deux *B , C ,* ſurpaſſe
d'vne vnité le reſtant *A.* ou
ſon multiple ; ce qui toutesfois
ſeroit neceſſaire comme il ap-
pert. Que ſi les deux *A· C ,* ſont compoſez entre eux,
ſoit le nombre *D.* leur commune meſure, & qu'on donne s'il eſt poſſible le nombre *E G ,* meſuré par les deux
A. B. & ſurpaſſant de l'vnité *F G.* le nombre *E F,*
eſgal à *C,* ou ſon multiple. Alors puiſque *A.* meſure
E G, le nombre *D* meſurant *A ,* meſurera auſſi le
meſme *E G.* & puiſque *C ,* meſure *E F.* le nombre *D,*
meſurant *C ,* meſurera auſſi le meſme *E F. Partant le
meſme *D,* meſurant tout *E G,* & le nombre oſté *E F.*
meſurera encor l'vnité reſtante *F G.* Ce qui eſt impoſſible. La meſme abſurdité s'enſuiura , ſi l'on penſe donner vn nombre meſuré par *B C;* qui ſurpaſſe *A* ou ſon
multiple de l'vnité. Doncques noſtre intention eſt ſuffi-
ſamment preuuée.

Et parce que la façon que i'ay donnée en la propoſition 20. de treuuer vn multiple de pluſieurs nombres
premiers entre eux , excepté d'vn , qui ſurpaſſe de l'v-
nité , vn multiple de celuy qui eſt excepté , eſt vn peu
difficile , & ne ſe peut pas praƈtiquer aiſément , que
par

par ceux qui sçauent bien manier les nombres, i'en veux donner vn autre moyen, qui n'est pas tant scientifique, à cause qu'on y procede vn peu à tastons: mais qui sera peut estre plus facile à practiquer, à ceux qui ne sont pas bien entendus en l'Arithmetique. Soient proposez les trois nombres 3.4.5. & qu'il en faille treuuer vn mesuré par 4. & 5. & surpassant 3. ou quelque sien multiple de l'vnité; Prens premierement le moindre mesuré par 4. & 5. qui est celuy qui se fait, les multipliant l'vn par l'autre, à sçauoir 20. par la premiere partie de la demonstration de la 36. du 7. Et s'il ne satisfait à ce que tu veux, il te le conuient doubler tripler, quadrupler, & tousiours ainsi multiplier, iusques à ce que tu ayes rencontré celuy que tu desires, comme en l'exemple donné, le double de 20. à sçauoir 40. est le nombre que tu cherches; car il est mesuré par 4. & par 5. & surpasse de l'vnité 39. multiple de 3. semblablement si tu veux vn nombre mesuré par 3. & 5. qui surpasse d'vne vnité vn multiple de 4. Pren le moindre mesuré par 3. & 5. qui est 15. & puis qu'il ne satisfaict pas à ce qu'on desire, pren son double qui est 30. Lequel n'estant pas encore à propos, pren le triple, à sçauoir 45. qui est le nombre que tu cherches. De mesme pour auoir vn nombre mesuré par 3. & 4. qui surpasse de l'vnité vn multiple de 5. pren le moindre mesuré par 3. & 4. à sçauoir 12. qui n'estant pas tel que tu veux, ny moins son double 24. tu prendras son triple 36. qui fait l'effect que tu desires. Or ayant vne fois trouué ces nombres, tu pourras, si tu veux, en treuuer infinis autres de mesme; car il ne faut qu'adiouster aux nombres desia trouuez le moindre qui est mesuré par tous les nombres premiers que tu as choisis, comme si à 40.45.36. tu adioustes 60. tu auras trois autres nombres faisans le mesme effect, à sçauoir 100.

105. 96. *Aufquels fi tu adiouftes encor* 60. *tu en auras trois autres,* & *ainfi tant que tu voudras. Et bien qu'il n'importe defquels tu te ferues, quant à la certaineté de la regle, toutesfois il importe beaucoup quand à la facilité ; car fi tu choifis les moindres, la practique en fera bien plus aifée.*

Refte à dire quelque chofe du nombre que l'on prefcrit pour borne à celuy qui fonge le nombre, à fin qu'il n'en penfe point vn plus grand, qui eft le mefme nombre qu'on foubftrait à la fin de la fomme des nombres retenus. Or ce nombre là eft le moindre qui eft mefuré par tous les nombres premiers choifis, qui eft 60. en l'exemple donné. Et fi l'on auoit choifi 2.3.5. Ce nombre là feroit 30. Et fi l'on auoit choifi 3.5.7. ce nombre là feroit 105. Maintenant pour trouuer le moindre nombre mefuré par tant de nombres qu'on voudra, Euclide en a donné regle generale en la 38. du 7. Car ce qu'il demonftre de trois nombres donnez, fe peut eftendre à toute multitude de nombres. Toutesfois eftant propofez des nombres tels que nous auons declaré, à fçauoir, premiers entre eux d'vne telle forte, que chafcun d'eux foit premier à chafcun des autres, on peut donner pour ce fubiect vne regle particuliere bien aifée, qui eft tirée de ladicte 38. du 7. y appliquant la premiere partie de la demonftration de la 36. Car il ne faut que multiplier enfemble les nombres donnez. Comme fi c'eftoyent 3. 4. 5. multipliant 3. par 4. vient 12. qui multiplie par 5. fait 60. Ainfi fi les nombres propofez eftoyent 3. 5. 7. multipliant 3. par 5. vient 15. qui multiplie par 7. faict 105.

Finalement i'aduertis lecteur que ce probleme fe peut parfaire tout de mefme fi l'on faifoit ofter, quatre, cinq, fix, ou plufieurs nombres premiers entre eux en la maniere expofée, & pour le faire toucher au doigt,

i'en

i'en veux donner vn exemple en quatre nombres. Soient les quatres nombres choisis. 2. 3. 5. 7. Alors le nombre duquel il ne faudra pas en penser vn plus grand sera 210. qui est celuy qui se fait multipliant ensemble tous les quatre nombres choisis ; & pour chasque vnité qui restera ostant tous les 2. il faudra retenir. 105, Pour chasque vnité restante, ostant tous les 3. il faudra retenir 70. Pour chasque vnité restante ostant tous les 5. il faudra retenir 126. & pour chasque vnité restante, tous les 7 ostez, il faudra retenir 120. Puis adioustant ensemble les nombres retenus, leur somme sera esgale au nombre pensé, sinon qu'elle surpasse 210. Car alors il faudra oster 210. d'icelle somme tant de fois qu'on pourra, & le reste sera le nombre pensé.

PROBLEME

SETIESME.

❦❦❦

Deuiner plusieurs nombres que quelqu'vn
aura pensez.

QVELQV'VN ait songé plusieurs nombres, & premierement que la multitude d'iceux soit vn nombre impair, c'est à sçauoir qu'il en ait songé trois ou cinq ou sept & cetera. Dis luy qu'il te declare la somme du premier &

du second ioints ensemble, puis la somme du
second & du troisiesme, puis celle du troisiesme
& quatriesme, puis celle du quatriesme & cinquiesme, & ainsi tousiours la somme des deux
prochains, & finalement la somme du dernier
& du premier. Alors prenant toutes ces sommes
en mesme ordre qu'elles t'auront esté données,
adiouste ensemble toutes celles qui se treuueront ez lieux impairs, à sçauoir la premiere, troisiesme, cinquiesme & cet. semblablement adiouste ensemble, toutes celles qui se treuueront és
lieux pairs à sçauoir la seconde, quatriesme,
sixiesme & cet. & souftray la somme de celles
cy, de la somme de celles là, le reste sera le
double du premier nombre pensé. Comme s'il
auoit songé 2. 3. 4. 5. 6. Toutes les sommes des
deux prochains, auec celle du dernier & premier
seroyent 5. 7. 9. 11. 8. Desquelles si tu prens
celles qui sont és lieux impairs à sçauoir 5. 9. 8.
leur somme sera 22. & si tu prens celles qui sont
és lieux pairs à sçauoir 7. & 11. leur somme sera
18. qui ostée de 22. reste 4. dont la moitié 2.
est le premier nombre pensé. Or vn des nombres pensez estant treuué, tu auras aisément
tous les autres, d'autant que tu connois les
sommes qu'ils font estants pris deux à deux;
Que si la multitude des nombres pensez est vn
nombre pair, fay toy comme au parauant declarer la somme d'iceux pris deux, à deux, mais à la
fin ne demande pas la somme du dernier & du
premier, ains celle du dernier & du second; en
apres adiouste ensemble toutes les sommes des
lieux impairs, excepté la premiere, & d'autre
costé adiouste ensemble toutes les sommes des
lieux

lieux pairs, & de la somme de celles cy, souftray
la somme de celles là , le refte fera le double du
fecond nombre pensé. Comme fi l'on auoit penfé ces fix nombrs 2. 3. 4. 5. 6. 7. Les fommes d'i-
ceux pris deux à deux, auec la fomme du dernier
& fecond, feroient 5. 7. 9. 11. 13. 10. Mais celles
des lieux impairs excepté la premiere font 9. &
13. qui jointes enfemble font 22. Celles des lieux
pairs font 7. 11. 10. qui enfemble font 28. d'où fi
tu fouftrais 22. le refte 6. fera le double du fecond
nombre pensé, à fçauoir de 3.

DEMONSTRATION.

A 2.	B 3.	C 4.	D 5.	E 6.
F 5.	G 7.	H 9.	K 11	L 8.

SOyent les nombres penfez A. B. C. D. E. dont
la multitude eft nombre impair , & la fomme du premier & fecond foit F , celle du fecond
& troifiefme foit G ; celle du troifiefme & quatriefme foit H , celle du quatriefme & cinquiefme foit K , & celle du cinquiefme & premier
foit L. Maintenant confiderons celles qui font
és lieux pairs, à fçauoir G. & K. Il eft euident que
G contient vne partie de F (à fçauoir B) & vne
partie de H (à fçauoir C) femblablement k contient vne parrie de H (à fçauoir D) & vne partie
de L. (à fçauoir E) doncques G. k. enfemble contiennent tout ce qui eft contenu en H , & de plus
partie des fommes. F. L. premiere & derniere.
Tout de mefme s'il y auoit d'auantage de fommes, nous preuuerions toufiours que celles des
lieux

A 2.	B 3.	C 4.	D 5.	E 6.
F 5.	G 7.	H 9.	K 11.	L 8.

lieux pairs contiennent precisément tout ce qui eſt contenu en celles des lieux impairs interpoſees, & de plus partie des extremes. Or il appert qu'il reſte en F, le nombre A, qui n'eſt point contenu en G, & qu'il reſte en L, le meſme A, qui n'eſt point contenu en k. Partant les ſommes F. H. L, ſurpaſſent iuſtement les ſommes G. K. du nombre A, pris deux fois. Ce qu'il falloit preuuer.

A 2.	B 3.	C 4.	D 5.	E 6.	M 7.
F 5.	G 7.	H 9.	K 11.	L 13.	N 10.

SOient maintenant les nombres penſez A. B. C. D. E M. dont la multitude eſt nombre pair, & la ſomme du premier & ſecond ſoit F. celle du ſecond & troiſieſme, ſoit G. celle du troiſieſme & quatrieſme, ſoit H; celle du quatrieſme & cinquieſme ſoit k, celle du cinquieſme & ſixieſme, ſoit L. & finalement celle du ſixieſme & ſecond ſoit N. Il eſt certain, ſi nous ſeparons le nombre A, des nombres B. C. D. E. M. que des reſtans, la multitude ſera nombre impair, & ſi nous oſtons auſſi la ſomme F, d'auec les autres, les reſtantes à ſcauoir G. H. K. L. N. ſeront iuſtement les ſommes des nombres B. C. D. E. M. pris comme cy deſſus. Partant par ce qui a eſté deſ-ja demonſtré les ſommes G. K. N. enſemble, ſurpaſſeront

les

les sommes H. L, du double du nombre B. Ce qu'il falloit preuuer.

Il appert donc que ceste façon de faire reuient à la premiere, s'imaginant que le premier des nombres pensez, soit osté, & ostant semblablement la premiere somme. On ne laisse pourtant de deuiner ledit premier nombre, d'autant que cognoissant le second B ; si on le soubstrait de la somme F, le reste sera necessairement le premier nombre A, & de la mesme sorte on treuue tous les autres, car ostant B cognu de la somme G, le reste est C, & ostant C. de la somme H, il reste D, & ainsi des autres. Partant nous auons suffisamment enseigné à deuiner tous les nombres pensez. Ce qu'il falloit faire.

ADVERTISSEMENT.

Ceste façon de parfaire ce probleme auec sa demonstration, ie la tiens du R. Pere Iean Chastelier de la Compagnie de Iesus, homme certes tres-expert en toute sorte de Science.

Il est bien vray qu'on pourroit faire le mesme en plusieurs autres façons. Premierement par la regle de deux fausses positions, ou par l'Algebre comme ie laisse iuger à ceux qui sont capables d'en faire experience.

Secondement en vne autre sorte tres-facile, qui est telle. Ioints ensemble toutes les sommes donnees, & prens la moitié de cela, ce sera la somme de tous les nombres pensez, si la multitude d'iceux est nombre impair. Que si la multitude des nombres pensez est nombre pair, laisse la premiere somme, & ioints ensemble toutes les autres, & prens la moitié de cela ; Ce

G

fera auffi la fomme de tous les nombres penfez excepté le premier. Or fçachant la fomme de tous les nombres penfez il eft aisé de les deuiner tous. Car foyent les nombres penfez tels que cy deuant 2. 3. 4. 5. 6. les fommes feront auffi 5. 7. 9. 11 . 8. lefquelles ioinctes enfemble font 40. dont la moitié 20. eft la fomme iufte de tous les nombres penfez, ce qui eft euident, car és fommes 5. 7. 9. 11. 8. il appert que chafcun des nombres penfez eft contenu deux fois. Partant fi tu veux deuiner le premier nombre, puifque tu fçais que le fecond & troifiefme font 7. & que le quatriefme & cinquiefme font 11. oftant 7. & 11 (à fçauoir 18) de la fomme de tous (à fçauoir de 20) il faut neceffairement que le refte 2. foit le premier nombre : & de la mefme façon tu trouueras tous les autres ; ou bien te feruant de celuy que tu auras ainfi treué, tu trouueras les autres par fon moyen comme auparauant. Que fi la multitude des nombres eft nombre pair, tu vferas de femblable artifice laiffant la premiere fomme, & la caufe en eft euidente par la demonftration donnée.

Troifiefment on peut proceder à la folution de ce probleme d'vne façon bien differente, qui eft telle ; fi quelcun à pensé trois nombres, fais-toy declarer la fomme d'iceux pris deux à deux, comme il a efté dit. Mais s'il en à pensé quatre, fais toy manifefter la fomme d'iceux pris trois à trois, en tant de façons qu'on les y peut prendre, & s'il en a pensé cinq, fais-les ioindre quatre à quatre, s'il en a pensé fix, fais-les ioindre cinq à cinq & ainfi des autres. Alors pour deuiner les nombres penfez tien cefte regle generale. Adioufte enfemble toutes les fommes qui te feront manifeftes, & diuife la fomme d'icelles par vn nombre moindre d'vne vnité que celuy qui exprime la multitude des nombres penfez. Le quotient fera la fomme iufte des nombres
penfez,

pensez, laquelle estant cognue, c'est chose trop aisee de
treuuer tous lesdits nombres l'vn apres l'autre. Par
exemple qu'on ait songé ces quatre nombres 3. 5. 6. 8.
La somme du premier, second & troisiesme, fait 14.

La somme du second, troisiesme, quatriesme fait
19. La somme du troisiesme, quatriesme, premier fait
17. La somme du quatriesme, premier & second fait
16. Ioints ensemble toutes ces sommes, tu auras 66.
lequel si tu diuises par 3 (qui est vn moins que 4 expri-
mant la multitude des nombres pensez) tu auras 22.
qui est la somme iuste des nombres pensez. Partant si tu
ostes de 22. les sommes 14. 19. 17. 16. l'vne apres
l'autre, tu trouueras tous les nombres pensez l'vn apres
l'autre.

Ceste regle a esté touchee par plusieurs, mais elle est
particulierement bien expliquee par Xilandre sur la 16.
proposition du premier liure de Diophante. La demon-
stration en est bien facile, car trois nombres se peuuent
ioindre deux à deux en trois façons, mais chascun d'i-
ceux ne sera pris que deux fois, d'autant qu'on en laisse
tousiours vn. Et quatre nombres se peuuent ioindre trois
à trois en quatre façons, mais chacun d'iceux ne sera
pris que trois fois pour la mesme raison. Ainsi cinq
nombres se peuuent accoupler quatre à quatre en cinq
sortes, mais chascun d'iceux ne sera pris que quatre
fois, & ainsi des autres. Dont on peut facilement com-
prendre la cause de ceste regle.

Quant à ce qu'en la façon inuentee par le P. Chaste-
lier (ce qui se doit aussi entendre de la premiere & se-
conde dont i'ay parlé en cet aduertissement) si la mul-
titude des nombres pensez est nombre pair, il faut ioin-
dre le dernier auec le second, non pas auec le premier,
qui en voudroit sçauoir la raison, Ie dis que cela est
expedient, pour ce que qui ioindroit le dernier auec

le premier, le probleme pourroit receuoir plufieurs folu-
tions, voire infinies fi l'on admet les fractions, par ainfi
l'on ne pourroit pas certainement deuiner les nombres
penfez, puifque plufieurs autres ioints de mefme façon
pourroyent faire les mefmes fommes. Par exemple
quand on auroit penfé 3. 5. 6. 8. fi l'on prend la fomme du premier & fecond, qui eft 8. celle du fecond &
troifiefme, qui eft 11. celle du troifiefme & quatriefme, qui eft 14. & celle du quatriefme & premier, qui
eft 11. L'on ne fçauroit par la deuiner certainement les
nombres penfez, car foit que l'on choififfe ces quatre 1.
7. 4. 10. ou bien ces autres 2. 6. 5. 9. ou encor ces autres 4. 4. 7. 7. & encor plufieurs autres, voire infinis
admettant les fractions, on trouuera toufiours les mefmes fommes en les prenant deux à deux.

Et en effect, fi tu penfes te feruir en ce cas de la regle donnee, tu la trouueras du tout inutile, car toutes
les fommes des lieux impairs iointes enfemble, feront le
mefme nombre que les fommes des lieux pairs, comme
en l'exemple donné 8 & 14 font le mefme, que 11. &
11. à fçauoir 22. Que fi tu veux recourir à la regle de
faux, où tu foudras la queftion du premier abord, po-
fant quelqu'vn des nombres infinis qui la peuuent foudre, ou autrement tu n'en viendras iamais à bout.
Quant à la feconde regle que i'ay donnee en cet aduertiffement, tu trouueras auffi qu'elle ne s'y peut appliquer.

Mais certes il n'y a rien qui defcouure mieux le fe-
cret, que l'operation de l'Algebre, car apres auoir dif-
couru parfaictement fur le probleme propofé, & pour-
fuiuy toutes les parties d'iceluy, venant à l'equation, tu
ne trouueras iamais qu'vn mefme nombre efgal à foy-
mefme, comme en l'exemple donné tu trouueras 11.
efgal à 11. Qui eft vn figne infallible que la queftion
reçoit

reçoit infinies solutions , comme à tresbien remarqué
Pierre Nugnez au 6. chapitre de la premiere partie
de son Algebre , & qu'alors elle est solue infiniment
comme parle Diophante. Or pour dire ce qui se peut
sur toutes semblables questions , il se faudroit seruir
d'vne mienne inuention , par laquelle i'enseigne le
moyen en tel cas de treuuer vn nombre au dessus , ou
bien au dessous duquel , tout nombre pris pour valeur
de la racine , peut soudre la question proposee , ou
vrayement quelquesfois treuuer deux nombres , entre
lesquels tout autre estant pris pour valeur de la racine , on satisfait à la question. Comme en l'exemple
proposé, on peut mettre pour le premier nombre pensé
tout nombre moindre que 8. & si l'on auoit proposé
vne telle question. Treuuer six nombres que la somme
du premier & second soit 14. celle du secōd & troisiesme soit 9. celle du troisiesme & quatriesme, soit 2. celle du quatriesme & cinquiesme, soit 8. celle du cinquiesme & sixiesme, soit 10. & celle du sixiesme & premier
soit 9. Ie treuueray par mon inuention que ceste question n'a qu'vne solution en nombres entiers , lesquels
sont 6. 8. 1. 1. 7. 3. Mais si l'on admet les fractions
elle en a infinies ; Car tout nombre qu'on mette pour
le premier , qui soit plus grand que 5. & moindre que 7. la solution sera tres-bonne. Or il est euident que par le moyen des fractions , entre 5. & 7.
on peut prendre infinis nombres , mais il n'y a que 6.
d'entier.

Pour contenter aucunement le lecteur studieux,
i'expliqueray briefuement ceste mienne inuention à la
fin de ce liure , aux subtilitez des nōbres qui suiuront
les problemes , le renuoyant pour en estre instruit plus
amplement, à mes commentaires sur la question 41. du
4. liure de Diophante.

PROBLEME
HVICTIESME.

❧❧❧

Deuiner vn nombre qué quelqu'vn
aura en l'imagination sans luy
rien demander.

FA I s penser vn nombre à quelqu'vn, &
dis luy qu'il le multiplie par quel nombre
que tu voudras, & au produit fais adiouster vn
certain nombre, tel qu'il te plaira, & fais aussi diuiser ceste somme par quel nombre qu'il te viendra en fantasie. Alors diuise aussi à part toy le
nombre par qui tu as fait multiplier, par celuy
par qui tu as fait diuiser, & autant d'vnitez, ou
parties d'vnité qu'il y aura en ce quotient, autant
de fois fais oster le nombre pensé du quotient
qui est prouenu à celuy qui a songé le nombre,
puis tu deuineras aisément ce qui luy reste, sans
luy rien demander. Car ce reste sera tousiours le
quotient qui prouient diuisant le nombre que
tu as fait adiouster apres la multiplication, par
celuy qui a seruy de diuiseur. Par exemple quelqu'vn ait pensé 6. fais-le multiplier par 4. viendra 24. à cela fais adiouster 15. la somme sera 39.
fais-la diuiser par 3. le quotient sera 13. Or diui-

sant

fant le multiplicateur 4. par le diuiseur 3. il te
prouient 1 ⅓. Doncques fais oster du quotient
13. le nombre pensé vne fois, & encor le tiers
d'iceluy à sçauoir 6.& encor 2.qui sont 8.restera
5. qui est le nombre qui te prouiendra diuisant
le nombre adiousté 15. par le diuiseur 3. semblablement s'il auoit songé 8. fais-le multiplier par
6. viendra 48. fais y adiouster 12. viendra 60.
fais-le diuiser par 4. viendra 15. & pource que
diuisant le multiplicateur par le diuiseur prouient 1 ⅓. fais oster de 15. vne fois & demy le
nombre pensé, à sçauoir 8 & 4 qui sont 12. Tu
deuineras que le reste est 3. qui prouient diuisant le nombre adiousté 12. par le diuiseur 4.

DEMONSTRATION.

A 6.	B 24.	E 8.
H 4.	C 15.	F 5.
K 3.	D 39.	G 13.
	L 1 ⅓.	

Soit **A.** le nombre
pensé,qui multiplié
par H fasse **B**, auquel
adioustant C. prouien-
ne D. & diuisant D.par
K, soit le quotient G. & semblablement diuisant
les nombres B & C, par le mesme K; soyent les
quotiens E.F. & diuisant encor H, par k. soit le
quotient L. Or puisque B. & C. ensemble sont
esgaux à D , il est certain que les quotiens E F
ensemble sont esgaux au quotient G. & puisque
A multiplié par H. produit B; qui diuisé par k,
donne le quotient E; il y a telle proportion de
A à E. que de k à H. par la 1. proposit. Partant
par l'Aduertissemét de la 14.propo.il se produira
le mesme quotient,soit qu'on diuise E par A,soit
qu'on diuise H. par k ; mais diuisant H par k , le

G 4

A 6.	B 24.	E 8.
H 4.	C 15.	F 5.
K 3.	D 39.	G 13.
	L 1 $\frac{2}{3}$.	

quotient est L. par la construction, doncques le mesme L. prouiendra diuisant E par A. & par consequent multipliant A par L, le produit sera E. Partant puis que la reigle donnée ordonne que du quotient G. on fasse oster A, autant de fois, & autant de parties d'iceluy, qu'il se treuue en L d'vnitez, & de parties d'vnité, il est euident que cela est tout le mesme que faire oster du mesme G. le nombre E. Or nous auons monstré que E & F ensemble sont esgaux à G. Doncques ostant E de G. le reste sera F, qui te sera infailliblement cogneu, d'autant que C. est le nombre certain que tu as fait adiouster apres la multiplication, qui diuisé par K. donne le quotient F. Par consequent la reigle est bonne & suffisamment demonstree.

ADVERTISSEMENT.

Ce ieu coustumierement se prattique par plusieurs d'vne façon trop particuliere. Car ils font tousiours doubler le nombre pensé, puis adiouster à cela vn nombre pair tel qu'ils veulent, puis partir cette somme par 2. & du quotient font oster le nombre pensé vne fois, & finalement deuinent que le reste c'est la moitié du nombre pair qu'ils ont fait adiouster. Mais la reigle generale que i'ay donnée est beaucoup plus belle, & plus subtile, & ce probleme ainsi pratiqué bien qu'il soit aisé à celuy qui est expert à bien manier les nombres, semble neantmoins admirable aux autres, & l'artifice d'iceluy ne peut estre facilement descouuert, encor est-il euident que la façon commune sus alleguée reuient à la mienne & n'est que comme vn eschantillon d'icelle. Car puis que le multiplicateur & le diuiseur n'est que le mesme

2.diuifant l'vn par l'autre,il prouient 1. dont il appert
que du dernier quotient il ne faut faire oster qu'vne fois
le nombre pensé, & le reste sera infalliblement la moitié du nombre adiousté, à cause que le diuiseur est 2.

Que si l'on m'obiecte qu'on ne peut aisément practiquer ce Probleme si generalement que i'ay monstré, si
l'on n'est bien versé en l'Aritmethique, à cause que le
plus souuent il y interuient des fractions, dont tout le
monde ne se sçait pas bien escrimer. Ie respons premierement que ie n'escrits pas principalement pour ceux
qui sont du tout ignorans comme i'ay des-ia protesté,&
qui sont si hebetez & tardifs à comprendre les proprietez des nombres,qu'ils font treuuer Pithagore vn effron-
té menteur,disant que l'ame de l'homme n'est rien qu'v-
ne nombreuse harmonie.En apres ie dis qu'on peut practiquer ce ieu en infinies façons , sans toutesfois tomber
en fractions , & pour ayder les plus foibles i'en veux
donner les moyens.

Prens pour multiplicateur quel nombre que tu voudras, pourueu que tu prenes pour diuiseur, ou le mesme
nombre , ou vn autre qui le mesure, & que le nombre
que tu fais adiouster, soit aussi mesuré par le mesme diuiseur. Comme si l'on auoit songé 7. fais le multiplier
par 5.viendra 35.Et d'autant que 5.n'a point de nombre qui le mesure sinon luy mesme, tu es contraint de
prendre aussi 5. pour diuiseur, & par consequent de
faire adiouster vn nombre mesuré par 5.comme 10.qui
adiouste à 35.fera 45.qui diuisé par 5.donne 9.duquel
si tu fais oster vne fois le nombre pensé (pource que le
multiplicateur diuisé par le diuiseur donne 1.) le reste
sera 2. qui prouient aussi diuisant 10. par 5. Que si tu
prens pour multiplicateur le nombre 6.tu pourras prendre pour diuiseur ou le mesme 6. où 3.où 2. Par exemple soit 7. le nombre pensé comme auparauant , fais le

multiplier par 6. viendra 42. & si tu veux choisir pour diuiseur 3. fais adiouster vn nombre qui ait tiers comme 15. viendra 57. qui diuisé par 3. donne 19. duquel fais oster deux fois le nombre pensé (à cause que le multiplicateur 6. diuisé par le diuiseur 3. donne 2.) restera 5. qui prouient aussi diuisant 15. par 3.

En outre si tu ne te veux point assubiectir à prendre pour multiplicateur vn nombre qui soit mesuré par le diuiseur, tu te peux exempter de cette peine en ceste sorte. Choisis premierement en toy-mesme quel diuiseur que tu voudras, & commande à celui qui songe le nombre d'en penser vn qui soit mesuré par ton diuiseur auparauant preneu, comme si tu veux faire diuiser par 3. dis luy qu'il songe quelque nõbre qui ait tiers, & si tu te proposes de faire diuiser par 4. dis luy qu'il sõge quelque nombre qui ait quart & ainsi des autres. Car alors il n'importera par quel nombre tu fasses multiplier, pourueu que tu fasses tousiours adiouster vn nombre, qui soit mesuré par ton diuiseur. La cause de tout cecy ie la laisse chercher au curieux Lecteur, elle est bien aisée à treuuer, & ne depend que du 10. 11. & 12. Axiome du 6. d'Euclide.

PROBLEME
NEVFIESME.

*Deux nombres eſtant propoſez, l'vn pair
& l'autre impair, deuiner de deux
perſonnes lequel d'iceux
chaſcune aura choiſi.*

Oient par exemple Pierre & Iean auſquels
tu ayes proposé deux nombres l'vn pair &
l'autre impair comme 10. & 9. & que chaſcun
d'eux choiſiſſe vn de ces nombres à t'on inſçeu.
Lors pour deuiner lequel chaſcun aura choiſi.
Prens auſſi deux nombres l'vn pair, & l'autre impair, comme 2. & 3. & fay multiplier celuy que
Pierre aura choiſi, par 2. & celuy que Iean aura
choiſi, par 3. Apres fay joindre enſemble les deux
produicts, & que la ſomme te ſoit manifeſtee, ou
bien demande ſeulement ſi ceſte ſomme eſt nombre pair ou impair, ou par quelque moyen plus
ſecret taſche de le deſcouurir, comme leur commandant d'en prendre la moitié. Car ſçachant cela tu viendras aiſément à bout de ton attente,
d'autant que ſi ladicte ſomme eſt nombre pair,
infalliblement le nombre que tu as faict mul tiplier

plier par ton impair (à fçauoir par 3) c'eftoit le
nombre pair(à fçauoir 10)Que fi ladiƈte fomme
eft nombre impair,le nombre que tu as fait multiplier par ton impair (à fçauoir par 3) eftoit infalliblement le nombre impair(à fçauoir 9)Com-
me fi Pierre auoir choifi 10, & Ieaʃ 9.fay multiplier par 2.celuy de Pierre,& par 3.celuy de Ieã,
les produits feront 20. & 27. dont la fomme eft
47. nombre impair, dont tu conieƈtures que celuy que tu as faiƈt multiplier par 3. c'eft le nombre impair , & partant , que Iean auoit choifi 9.
& Pierre 10. Que fi tu fais multiplier par 2. celuy de Iean , & celuy de Pierre par 3. Les deux
produiƈts feront 18. & 30. dont la fomme eft
48. nombre pair, dont tu recueillis que celuy qui
a efté multiplié par 3. c'eft le nombre pair , &
partant que Pierre a choifi 10.Iean 9.

DEMONSTRATION.

L A demonftration de cecy eft tres-facile & ne
defpend que de la 28.& 29. du 9.car comme
on peut inferer de la 21.du mefme liure,le nombre pair par quel nombre qu'il foit multiplié fait
toufiours vn nombre pair , mais l'impair eft bien
de differente nature , car s'il eft multiplié par vn
pair,le produit eft pair par la 28.& s'il eft multiplié par vn impair,le produit eft impair par la 29.
Partant fi faifant ce ieu , il fe rencontre que le
nombre pair foit multiplié par ton impair tous
deux les produiƈts feront pairs, car auffi de l'autre cofté vn pair fera multiplié par vn impair , &
par confequent la fomme fera infalliblement
nombre pair par la 21. citée. Mais s'il fe rencontre

tre que tu fasses multiplier le nombre impair par
ton impair, on multipliera d'autre costé le pair
par le pair, & partant le premier produict sera
impair, le second pair. Doncques la somme des
deux sera nombre impair comme a demonstré
Clauius sur la 23. du 9.

ADVERTISSEMENT.

Ce ieu ne reçoit autre diuersité, sinon que l'on peut
choisir quels deux nombres que l'on veut, & faire mul-
tiplier par lesquels deux que l'on veut, pourueu que
l'vn soit tousiours pair, l'autre impair. Il est vray que
i'ay inuenté les deux suiuans à l'imitation de cestuy-cy,
qui seront à propos pour faire le mesme effect en diffe-
rentes manieres.

PRO

PROBLEME
DIXIESME.

Faire le mesme en deux nombre pairs, dont l'vn soit pairement pair, & l'autre pairement impair seulement.

V'ils choisissent par exemple l'vn 6.& l'autre 8. Prens comme auparauant deux nombres dont l'vn soit pair, & l'autre impair, comme 2. & 3. & fais aussi multiplier l'vn des nombres choisis par 2. l'autre par 3. & joindre les produits, & que la somme te soit manifestee, ou bien t'enquiers si ladicte somme est nombre pairement pair, ou non, ce que tu pourras sçauoir, faisant prendre la moitié d'icelle, & derechef la moitié de la moitié : car si la moitié de la somme est nombre pair, la somme est nombre pairement pair, par l'aduertissemeut de la 4. proposition & si la moitié de la somme est nombre impair la somme est nombre pairement impair seulement par la 39. du 9. Or si la susdicte somme est nombre pairement pair, sois asseuré que le nombre que tu as faict multiplier par l'impair, comme par 3. est le nombre pairement pair (à sçauoir 8.)

Que

Que ſi ladicte ſomme eſt nombre pairement impair ſeulement, ſois certain que le nombre que tu as fait multiplier par ton impair (à ſçauoir par 3) eſt le nombre pairement impair ſeulement (à ſçauoir 6.) ie t'en laiſſe faire l'experience, car c'eſt choſe bien-aiſee.

DEMONSTRATION.

NOus auons demonſtré en la 10. propoſition qu'vn nombre pairement pair, par quel nombre qu'il ſoit multiplié, produit touſiours vn pairement pair. Mais le nombre pairement impair ſeulement, s'il eſt multiplié par vn pair, produit vn pairement pair par la 12. propoſition & s'il eſt multiplié par vn impair produit vn pairement impair ſeulement, par la 11 propoſition. Partant s'il ſe rencontre que tu faſſes multiplier par l'impair, le nombre pairement pair, le produit ſera pairement pair ; qui eſtant adiouſté à l'autre produit qui eſt auſſi pairement pair, prouenant de deux nombres pairs multipliez enſemble, la ſomme ſera infalliblement vn nombre pairement pair, car deux pairement pairs ioints enſemble, font vn pairement pair, d'autant que chaſcun d'iceux eſtant meſuré par le quaternaire, il faut que la ſomme d'iceux ſoit auſſi meſuree par le meſme quaternaire, & par conſequent ladicte ſomme eſt nombre pairement pair par la 6. propoſition. Que s'il aduient que tu faſſes multiplier par l'impair le nombre pairement impair ſeulement, le produit

duit sera pairement impair seulement, auquel adioustant l'autre produit qui est tousiours pairement pair par la raison cy dessus alleguee, la somme sera necessairement vn nombre pairement impair seulement par la 9. proposition Partant il appert de la verité de la regle donnee.

PRO

PROBLEME
VNZIESME.

Faire le mesme en deux nombres impairs
premiers entre eux.

Onne à choisir aux deux personnes, deux
nombres qui soyent impairs & premiers
entre eux comme 9. & 7. pourueu que l'vn d'i-
ceux soit nombre composé comme est 9.& prens
semblablement pour tes multiplicateurs deux
nombres premiers entre eux, mais il n'importe
pas qu'ils soyent tous deux impairs, pourueu
que l'vn d'iceux mesure l'vn des autres deux
que tu as donnez à choisir. Par exemple pren 3.
& 2. qui sont premiers entre eux,& l'vn d'iceux
à sçauoir 3. mesure l'vn des autres à sçauoir 9.
& fay multiplier comme auparauant l'vn des
nombres choisis par 3. l'autre par 2. & que la
somme des deux produits te soit manifestee ou
bien enquier toy si ladicte somme est mesuree
par celuy de tes multiplicateurs qui mesure l'vn
des nombres choisis, comme en l'exemple donné fay moyen de sçauoir si le susdicte somme

H

eſt meſurée par 3. en commandant qu'on prenne le tiers d'icelle. Par là tu deuineras infalliblement lequel des deuz nombres chaſque perſonne à choiſi. Car ſi ladicte ſomme eſt meſurée
par 3. c'eſt ſigne que le nombre que tu as fait
multiplier par 3. eſt celuy que le meſme 3. ne meſuroit pas à ſçauoir 7. Que ſi ladicte ſomme n'eſt
pas meſurée par 3. c'eſt ſigne que le nombre que
tu as fait multiplier par 3. eſt celuy meſme que
3. meſuroit, à ſçauoir 9. & de meſme façon pro-
cedera la regle ſi tu donnes des autres nombres
à choiſir, & que tu en prennes des autres pour
multiplicateurs, pourueu qu'ils ayent les conditions requiſes.

DEMONSTRATION.

A 9.	B 7.
D 3.	E 2.
F 27.	G 14.
H 21.	K 18.

SOyent les deux nombres
choiſis A B. tous deux
impairs, & premiers entre
eux, pourueu que l'vn comme A ſoit nombre compoſé
(ce qui eſt neceſſaire, d'autant que nous ſuppo-
ſons que l'vn d'iceux ſoit meſuré par vn autre
nombre) & prenons auſſi deux nombres D. E.
premiers entre eux, pourueu que l'vn d'eux comme D, meſure le nombre A. Maintenant qu'on
multiplie A, par D, & ſoit fait F, & qu'on multiplie B. par E. & ſoit fait G. Ie dis que D ne peut
meſurer la ſomme des deux nombres F G. Car
puiſque D. multipliant A. produit F. il eſt certain que D meſure F par A. Partant ſi D meſuroit la ſomme des deux F. G. Il s'enſuiuroit que
le meſme D meſureroit auſſi G ce qui eſt impoſſible,

sible, d'autant que A, & B, estant premiers entre
eux, & D mesurant A, il faut dire que D est premier à B, par la 25. du 7. mais par l'hypothese,
le nombre E, est aussi premier au mesme D.
doncques tous les deux B, E, sont premiers à D:
& par consequent le produit de leur multiplication, à sçauoir G est premier au mesme D par
la 26. du 7. Partant il est impossible que D mesure G. Voylà donc vne partie de la regle demonstree.

En apres D. multipliant B, produise H & E
multipliant A, produise k. Ie dis que D mesure
la somme des deux H, K. Car en premier lieu
puisque H est produit multipliant D par B, il
appert que D mesure H. secondement puisque E
multipliant A, produit K, il s'ensuit que A mesure K. Or est-il que par l'hypothese D mesure
A; doncques le mesme D mesure aussi K. Partant puisque D mesure les deux H, K. Il mesurera aussi la somme d'iceux. Ce qu'il falloit
prouuer.

ADVERTISSEMENT.

Ceste regle ne s'estend pas seulement aux nombres
impairs, mais elle peut auoir lieu encor que l'vn des nõ-
bres choisis soit pair & l'autre impair, pourueu qu'ils
soyent premiers entre eux, & que tu prennes tousiours
pour multiplicateurs deuxlnombres aussi premiers en-
tre eux, & dont l'vn mesure l'vn des autres. Par exem-
ple prenant les mesmes multiplicateurs 3. & 2. tu pou-
uois donner à choisir les deux nombres 8. & 7. & alors
le 2. eut esté celuy de tes multiplicateurs qui t'eust gui-
dé pour deuiner, d'autant que c'est luy qui mesure 8, &

certes il est euident que la demonstration est generale pour tous nombres premiers, soit qu'ils soyent impairs, ou non, pourueu qu'ils obseruent toutes les autres conditions requises. Il est vray que ny les nombres choisis, ny les multiplicateurs, ne peuuent estre tous deux pairs à cause que deux nombres pairs ne sont iamais premiers entre eux, ains ont tousiours le binaire pour commune mesure.

PRO

PROBLEME
DOVZIESME.

*Deuiner plusieurs nombres pensez pouruei
que chascun d'iceux soit
moindre que dix.*

FAis multiplier le premier nombre pensé
par 2. puis adiouster 5. au produit, & multiplier le tout par 5. & à cela adiouster 10. puis y
adiouster le second nombre pensé, & multiplier
le tout par 10. puis y adiouster le troisiesme
nombre pensé, & si l'on à pensé d'auantage de
nombres, fais encor multiplier cela par 10. puis
adiouster le quatriesme nombre, & ainsi fais tousiours multiplier par 10. & adiouster vn des autres nombres pensez. Alors fais-toy declarer la
derniere somme, & si l'on n'a pensé que deux
nombres, soubstray d'icelle somme 35. & du reste le nombres des dizaines, te monstrera le premier nombre pensé, & le nombre des nombres,
le second. Que si l'on à pensé trois nombre, oste
de la derniere somme 350. & du reste le nombre des centaines exprimera le premier nombre
pensé, celuy des dizaines le second, celuy des
nombres le troisiesme; & de mesme façon tu

procederas touslours à deuiner d'auantage de
nombres, comme si l'on en à pensé quatre, tu
soubstrairas de la derniere somme 3500.& du reste le nombre des mille exprimera le premier
nombre pensé, celuy des centaines le second, celuy des dizaines le troisiesme, & celuy des nombres le quatriesme. Par exemples les quatre nombres pensez soyent 3. 5. 8. 2. fais doubler le premier viendra 6. auquel adioustant 5. vient 11. qui
multiplié par 5. donne 55. auquel adioustat 10.
vient 65. auquel adioustant le second nombre,
vient 70. qui multiplié par 10. fait 700. auquel
adioustant le troisiesme nombre, vient 708. qui
multiplié par 10. fait 7080. auquel adioustant le
quatriesme nombre, vient 7082. Que si tu en
soubstrais 3500. le reste sera 3582. qui exprime
par ordre les quatre nombres pensez.

DEMONSTRATION.

CE Probleme imite entierement l'artifice du
4. & tous deux ont presque le mesme fondement. Car comme nous auons demonstré en
ce lieu là, doubler vn nombre, puis y adiouster
5. & multiplier le tout par 5. puis adiouster 10.
cela est autant que multiplier le nombre par 10.
& au produit adiouster 35. Or tout nombre
estant multiplié par 10. le produit contient vn
nombres precis de dizaines, & par consequent
en escriuant ce produit la, la derniere figure se
treuue vn zero, & la premiere est le mesme
nombre qui a esté multiplié par 10. Partant si à
ce produit on adiouste quelque autre nombre
moindre que 10. La premiere figure ne change
point,

point, & la seconde se treuue le mesme nombre
adiousté au lieu du zero. Doncques la cause est
manifeste pourquoy quand on à pensé deux
nombres, apres que l'operation est faite selon
qu'il a esté dit, il faut de la derniere somme oster
35 (qui est vn nombre superflu qu'on fait adiouster subtilement pour cacher l'artifice) & du reste
le nombre des dizaines est necessairemét le premier nombre pensé , & celuy des nombres est le
second. Par mesme raison quand on à pensé trois
nombres, puisque apres auoir fait tout le mesme
qu'en deux, on multiplie le tout par 10. & on adiouste le troisiesme nombre pensé , il est euident
que le premier qui auoit desia esté multiplié par
10. se treuue alors multiplié par 100. & le second
se treuue multiplié par 10 , & le troisiesme se
treuue mis au lieu d'vn zero qui seroit en la place des nombres, & pource que le nombre superflu 35. s'est aussi multiplié par 10. il est changé en
350. Dont il appert assez de la cause de la regle
donnee, & la mesme demonstration à lieu en
quatre, cinq, six, ou plusieurs nombre, comme il
est euident. L'on peut aussi , de ce qui a esté dit,
comprendre la raison de la condition apposee à
la proposition du Probleme, qu'il faut que chascun des nombres pensez soit moindre que 10.
Car si quelqu'vn d'iceux estoit plus grand que
10. il feroit augmenter la figure precedente,
d'autant d'vnitez qu'il y auroit de dizaines en
iceluy, comme il appert par la regle d'Addition.
Partant nostre regle se rendroit inutile.

H 2

ADVERTISSEMENT.

Ceste regle que i'ay donnee fort generalement est appliquee par plusieure à diuerses choses particulieres.

Les vns s'en seruent pour deuiner combien il y a de points en chasque dés de tant qu'on en aura gettez, & la prattique en est bien aisee car les points d'vn dé ne peuuent iamais passer 6. & ne se faut qu'imaginer que les points de chasque dé sont vn nombre pensé, & la regle est du tout la mesme.

Les autres s'en seruent pour deuiner qui de plusieurs personnes aura pris vne bague, en quelle main il l'aura, en quel doigt, & en quelle jointure & alors il faut disposer les persones par ordre, tellement qu'vne soit premiere, l'autre seconde, l'autre troisiesme, &c. Seblablement il se faut imaginer que des deux mains l'vne est premiere, l'autre est seconde, & aussi que des cinq doigts de la main, l'vn est premier, l'autre second, l'autre troisiesme, &c. & faire encor le mesme des jointures de chasque doigt. Partant ce ieu n'est rien autre que deuiner quatre nombres pensez. Par exemple supposons que la quatriesme personne ait la bague, en la seconde main, au cinquiesme doigt, en la troisiesme jointure, fais doubler le nombre de la personne, viendra 8. auquel adioustant 5. vient 13. qui multiplié par 5. donne 65. auquel adioustant 10. vient 75 & y adioustant le nombre de la main, prouient 77. qui multiplié par 10. donne 770. auquel adioustant le nombre du doigt, vient 775. qui multiplié par 10. donne 7750. auquel adioustant le nombre de la jointure, vient 7753. duquel il faut soubstraire 3500. & le reste sera 4253. dont les figures expriment, tout ce qu'on veut deuiner. Que si l'on vouloit deuiner seulement de plusieurs personnes, laquelle à la bague, & en quel doigt, ce ne seroit que deuiner

ner deux nombres pensez., mais il faut prendre garde
qu'en ce cas on s'imagine en chasque personne dix doigts
disposez par ordre, par consequent il peut arriuer qu'v-
ne personne ait la bague au dixiesme doigt, & partant
alors à vn nombre precis de dixaines adioustant 10. il
se fera aussi vn nombre de dizaines precis, mais plus
grand d'vn qu'auparauant; Partant apres la soubstraction, il restera zero, en la place des nombres. Doncques cela t'arriuant sois asseuré que pour deuiner le
nombre de la personne, il te faut oster 1. du nombre
des dizaines, & dire que telle personne à la bague au
dixiesme doigt. Par exemple que la sixiesme personne
ait la bague au dixiesme doigt, fais doubler le nombre
de la personne, viendra 12. auquel adioustant 5 vient
17. qui multiplié par 5. fait 85. auquel adioustant
10. fait 95. & à cela adioustant encor le nombre du
doigt, vient 105. d'où si tu ostes 35. reste 70. Où tu
vois clairement que le nombre des dizaines surpasse
d'vn, le nombre de la personne.
Pour diuersifier la prattique de ce probleme, il ne faut
que bien entendre ce que i'ay dit en l'aduertissement du
4. cy dessus. Car premierement bien que les multiplicateurs ne se puissent bonnement changer: (d'autant qu'il
faut tousiours qu'apres auoir adiousté chasque nombre,
l'on multiplie le tout par 10) toutesfois on y peut encor
proceder auec quelque diuersité, car puisque multiplier
par 2. & puis par 5. c'est autant que multiplier par 10.
il appert qu'au commencement on pourroit faire multiplier le premier nombre par 10. au lieu de doubler, puis
multiplier par 5. Ou bien faire en premier lieu multiplier par 5 puis par 2. Semblablement apres qu'on a adiousté quelqu'vn des autres nombres, au lieu de faire
multiplier le tout par 10. on pourroit faire multiplier
par 2. puis par 5. ou bien par 5. puis par 2.

H 5

Secondement quand aux nombres superflus que l'on fait adiouster pour couurir l'artifice, & dont la somme se soubstrait à la fin, ils se peuuent changer comme l'on veut & par ainsi la reigle se peut diuersifier en infinies manieres, la cause en est euidente, par ce que i'ay dit en l'aduertissement du 4. probleme. Par exemple soyent les quatre nombres pensez 4. 2. 5. 3. comme cy dessus. Fay multiplier le premier par 5. viendra 20. fais y adiouster 8. viendra 28. Fay doubler cela; viendra 56. fais y adiouster le second nombre pensé, viendra 58. fay multiplier cela par 10. viendra 580. fais y adiouster 12. viendra 592. fais y adiouster le troisiesme nombre pensé, viendra 597. fais-le doubler viendra 1194. fais y adiouster 6. viendra 1200. fais-le multiplier par 5. viendra 6000. auquel adioustant le dernier nombre pensé viendra 6003. Or parce qu'apres auoir adiousté 8. on a doublé, c'est autant que si l'on auoit doublé 8. qui fait 16. lequel multiplié par 10. fait 160. auquel adioustant 12. vient 172. qui doublé fait 344. auquel adioustant 6. vient 350. qui multiplie par 5. donne 1750. Partant le nombre qu'il faut soubstraire est 1750. qui osté de 6003. reste 4253. qui exprime les quatre nombres pensez.

PRO

PROBLEME
TREZIESME.

❧

Quelqu'vn ayant pris en ſes deux mains certains nombres d'vnitez, dont la proportion ſeule ment ſoit cogncuë deuiner apres quelques changemens, combien il luy en reſte en vne main.

V E L Q V' V N ait pris en la main droicte certain nombre d'vnitez, comme de gettons, & qu'il en prenne auſſi certain nombre en la main gauche, pourueu qu'il te declare ſeulement la proportion de ces deux nombres. Par exemple qu'il en ait 15. en la main droicte & 12 en la gauche, alors il te dira que le nombre de ceux de la droicte, au nombre de ceux de la gauche eſt en proportion d'vn & quart. Partant fais luy mettre de la gauche en la droicte quel nombre de gettons que tu voudras, pourueu qu'il ſe

puiſſe

puiſſe faire , & qu'il ait partie ſemblable à celle
ou à celles qui ſeront exprimées au denominateur de la proportion, comme en l'exemple donné , où le denominateur eſt 1 ¼. fay luy mettre
de la gauche en la droicte quelque nombre qui
ait quart, comme 8. en apres dis luy qu'il en remette de la droicte en la gauche autant qu'il en
eſt demeuré en la gauche ſelon le denominateur
de la proportion à ſçauoir qu'il y en remette vne
fois, & vn quart autant qu'il y en eſt demeuré &
pource que de 12. oſtant 8, il demeure 4. il eſt
certain qu'il y en remettra 5. & en tout il s'en
treuuera lors 9. en la gauche. Adonc tu deuineras ce qui luy reſte en la droicte par tel artifice.
Pren le dominateur de la proportion à ſçauoir
1 ¼. adiouſtes y 1. viendra 2 ¼. multiple par 2 ¼.
le nombre qu'en premier lieu tu as fait tranſporter de la gauche en la droicte , à ſçauoir 8. viendra 18. le nombre que tu veux deuiner.

Autre exemple , qu'il preñne 39 iettons en la
droicte , & 15 en la gauche qui eſt vne proportion de 2 ⅖. Dis luy que de la gauche en la droicte il mette vn nombre qui ait cinquieſme comme 10. Alors il en aura 49. en la droicte , & reſtera 5. en la gauche. En apres dis-luy qu'il en
remette de la droicte en la gauche deux fois autant qu'il y en eſt demeuré, & les trois cinquieſ-
mes du meſme nombre qui eſt demeuré , & il y
en remettra 13. partant en tout il en aura lors
en la gauche 18. Mais tu deuineras ce qui luy
reſte en la droicte , ſi tu adiouſtes 1. au denominateur de la proportion , car il viendra 3 ⅖. par
qui multipliant 10. le nombre que du commencement tu as fait tranſporter de la gauche en la
droicte,

droicte, tu auras 36. le nombre iuste qui luy reste en la droicte.

DEMONSTRATION.

```
A.....C.........B
D....H.......G.
    K 1¼.
```

LE nombre de la main droite soit A. B. & celuy de la gauche D G, & le denominateur de la proportion qu'a A B, à D G, soit k : & qu'on adiouste le nombre cogneu H G, auec A B, puis qu'auec le reste D H, on ioigne le nombre A C, qui garde auec D, H, la mesme proportion exprimée par le denominateur k. Alors ie dis que la somme des deux C B. H G. sera cognuë. Car puisque il y a telle proportion de tout A B. à tout D G. que du nombre osté A C, au nombre osté D H. il s'ensuit que le reste C B, au reste H G, a aussi la mesme proportion. Par consequent puisque H G est cogneu si par le denominateur k on multiplioit H G, on auroit, le nombre C B. & partant si on multiplie H G par vn nombre plus grand d'vn que k, il prouiendra la somme des deux C B, H G, comme il appert.

ADVERTISSEMENT.

Si le denominateur K, est nombre entier (ce qui aduiendra si la proportion de A B, à D G, est proportion multiple, ou d'esgalité) la pratique de ce ieu n'a mille difficulté, & n'importe quel nombre soit H G, qu'on fait transporter du commencement de D G, en A B. Mais si k à quelque fraction adiointe, alors pour euiter

A . . . . . C . . . . B
D . . . . H . . . . G .
K 1 ¼.

eviter les fractions qui ne peuuent estre admises en ce probleme , il est neces-saire (comme il a esté dit en la reigle) que H G soit vn nombre ayant telle partie , quelle est celle qui est ex-primée au denominateur K. Car cela supposé nous ne pourrons tomber en fractions, d'autant que si A B. con-tient D G. vne ou plusieurs fois, et encore quelque partie ou quelques parties dudit D G. il est necessaire, que D G. ait telle partie qu'elle est celle qui est exprimée par le denominateur de la fraction contenue en K. Partant ledit denominateur de ladicte fraction mesure tout le nombre D G. Doncques si nous supposons que le mesme denominateur mesure aussi H G , il s'ensuiura que le mesme mesurera aussi le restant D H. Par ainsi D H. aura la mesme partie , ou les mesmes parties exprimées en K , Doncques nous pourrons sans fraction prendre le nombre A C , qui ait mesme proportion à D H. que A B. à D G.

Or de la practique et de la demonstration donnée, il appert , qu'il faut tousiours faire transporter le nombre cogneu du commencement, de la main où est le moindre nombre, en celle où est le plus grand, partant il faut que celuy auec qui tu fais le ieu te manifeste en quelle main est le plus grand, et en quelle main est le moindre nom-bre , sinon que la proportion des deux nombres soit pro-portion d'esgalité , à sçauoir qu'il y ait autant de get-tons en vne main qu'en l'autre. Car alors il n'importe ny quel nombre on fasse transporter , ny de quelle main. Et i'aduertis le Lecteur que c'est en ceste derniere façon seule que par cy deuant on a practiqué ce ieu. Partant la reigle generale que i'ay donnée est de mon inuention, comme aussi celle du suiuant.

PRO

PROBLEME
QVATORZIESME.

Faisant le mesme qu'auparauant, deuiner
apres les mesmes changemens, combien
il y a d'vnitez en chasque main,
et combien il y en auoit du
commencement.

POSONS le cas comme cy dessus, qu'on
eut pris 15. gettons en la main droicte, &
& 12. en la gauche, & qu'on en eut transferé 8.
de la gauche en la droicte, & qu'on en eut remis
de la droicte en la gauche vne fois & quart autant qu'il y en estoit demeuré. Alors puis que
par la reigle precedente tu sçais ce qui reste en
la droicte, n'en fay nul semblant, mais demande
encor quelle proportion il y a du nombre qui se
treuue en vne main, à celuy qui se treuue en
l'autre, car si tu sçais telle proportion, l'vn des
nombres t'estant cognen, tu cognoistras infalliblement l'autre, comme en l'exemple donné, si
l'on te dit qu'apres les changemens faits il y a
deux fois autant de gettons en la droicte, qu'en
la gau

la gauche, puis que par la reigle precedente tu
sçais qu'il y en a 18. en la droicte, tu és bien
asseuré qu'il y en a 9 en la gauche. Partant la
premiere partie de ce probleme est bien aisée,
& porte auec soy sa demonstration.

Maintenant si tu veux deuiner combien il y
auoit de gettons du commencement en chasque
main, puis que tu sçais par la premiere partie la
somme de tous les gettons (car en l'exemple
donné sçachant que les changemens faits il y en
à 18. en l'vne, & 9 en l'autre, tu sçais que la
somme de tous est 27) & puis que tu sçais aussi
que le nombre de la droicte du commencement
contenoit celuy de la gauche vne fois & quart;
il te conuient diuiser la somme cogneue (à sçauoir 27) en deux nombres qui obseruent la proportion de 1 ¼. Or pour diuiser tout nombre
donné en deux qui obseruent entre eux telle
proportion que l'on voudra, sers toy de ceste
reigle. Prens les deux moindres nombres qui
obseruent la proportion requise, & les adiouste
ensemble & par la somme d'iceux diuise le nombre donné, & par le quotient multiplie les deux
moindres nombres, obseruans la proportion
requise, tu trouueras les nombres que tu cherches. Comme en l'exemple donné où il faut diuiser 27. en deux nombres, obseruans la proportion de 1 ¼. Pren 5. & 4. les moindres nombres
qui gardent ladicte proportion, leur somme sera 9. par qui diuisant 27. le quotient est 3. qui
multipliant 5. & 4. te donne 15. & 12. les nombres que tu cherchois. Tu deuineras donc que du
commencement il y auoit 15. gettons en la main
droicte, & 12. en la gauche.

DE

DEMONSTRATION.

LA premiere partie de ce Probleme est euidente de soy mesme, & ne requiert pas autre demonstration. Car cognoissant vn nombre, & la proportion qu'il à auec vn autre, il est certain que cet autre là se peut cognoistre facilement, multipliant, ou diuisant le nombre cogneu par le denominateur de la proportion cogneuë, selon qu'il est le plus grand, ou le moindre terme de la proportion.

Quand à la seconde partie elle est aussi toute demonstrée, si l'on demonstre la façon de diuiser vn nombre donné en deux nombres, qui obseruent la proportion donnée. Soit donc proposé le nombre A, qu'il faille diuiser en deux,

A 27.	B 1 ¼.
C 5.	D 4.
E 9.	F 3.
G 15.	H 12.

gardans la proportion, dont le denominateur est B. Ie prens les deux C D. les moindres qui obseruent la proportion donnée, & les ioignant ensemble, leur somme soit E. & diuisant A par E, soit le quotient, F : & multipliant les deux C D, par F. soyent les produits G. H. Ie dis que G. H. sont les nombres cherchez. Car premierement il est clair qu'ils obseruent la proportion requise, d'autant que le mesme F. multipliant les deux C D, à produit les deux G. H. en apres, que les mesmes G. H. ioints ensemble fassent A, ie le preuue. Car puis que E diuisant A, donne pour quotient F, il appert que F. multipliant E, produira, A. Or est-il que E est esgal aux deux C D, Donc

I

A 27.	B 1¼.
C 5.	D 4.
E 9.	F 3.
G 15.	H 12.

ques par la premiere du second d'Euclide, les deux nombres qui se produisent multipliant C, & D, par F. (à sçauoir
les deux G. H) ioints ensemble
seront esgaux à A, qui se produit multipliant E,
par le mesme F. Ce qu'il falloit demonstrer.

ADVERTISSEMENT.

*Pour practiquer subtilement ce probleme, & le prece-
dent, il faut en faire comme trois. Premierement on se
peut seruir du precedent pour vn. Secondement on se
peut seruir de la premiere partie de cestuy cy pour vn
autre, mais alors il ne faut point faire semblant de sçauoir ce qui reste en vne main les changemens faits. Troisiesmement on se peut encor seruir de la seconde partie
de ce probleme pour vn troisiesme ieu, qui semblera peut
estre plus admirable que les deux autres, mais alors aussi
il ne faut point monstrer ny de sçauoir ce qui reste en
vne des mains apres les changemens, ny ayant demandé la seconde fois la proportion des vnitez restantes en
chasque main, il ne faut point faire semblant de sçauoir
le nombre desdictes vnitez, mais il faut diuiser secrettement la somme d'icelles en deux parties, qui obseruent
la proportion premiere, en la façon que i'ay enseignee,
& deuiner par ce moyen, combien il y auoit au commencement d'vnitez en chasque main.*

*Ie t'aduertis encor, que ce que i'ay dit de prendre les
deux moindres termes obseruans la proportion donnée,
comme C D. n'est pas absolument necessaire, car bien
qu'on print des autres nombres en la mesme proportion,
cela n'importeroit pas comme il appert par la demonstration, mais ie fais prendre les moindres, pour plus
grande facilité en operant, d'autant que les plus petits
nombres sont plus aisez à manier.*

PRO

PROBLEME
QVINZIESME.

❦

*Plusieurs dez estans iettez, deuiner la
somme des points adioustez ensemble
d'vne certaine façon.*

PAR exemple qu'on ait ietté trois dez à
ton insçeu, fais adiouster par quelqu'vn les
points d'iceux ensemble, puis laissant vn d'iceux
à part en l'estat qu'il est, fais prendre des autres
deux les points de dessous, à sçauoir ceux qui
sont en la partie du dé opposee à celle de dessus
qui paroit sur la table, & qu'on adiouste ces
points à la somme des precedens, puis qu'on reiette derechef ces deux dez, & qu'on adiouste
les points d'iceux qui paroissent dessus, à la suf-
dicte somme, & qu'ō en laisse vn d'iceux en l'estat
qu'il est auec le premier, & que du troisiesme on
prenne les points de dessous & qu'on les adiouste aux autres : finalement qu'on reiette ce troisiesme, & qu'on adiouste à la susdicte somme les
points d'iceluy qui paroissent dessus, & qu'on le
laisse en l'estat qu'il est auec les deux autres. Lors
t'approchāt de la table & regardāt les points des
trois dez qui paroissent dessus, tu les adiousteras
ensemble, & à leur sōme adiousteras encor 21. &

I   2

tu deuineras la somme de tous les points adiouftez enfemble, en la façon, que i'ay dit. Comme
fi la premiere fois les points des trois dez font
5.3.2. Leur fomme fera 10. & laiffant vn d'iceux
à part tourné comme il eft, à fçauoir le 5. qu'on
prenne les points oppofez du 3.& du 2. on treuuera 4. & 5. qui adiouftez à 10. font 19. Puis
qu'on reiette ces deux dez, & que les points
d'iceux paroiffans deffus foyent 4. & 1. qui adiouftez à 19. feront 24. & laiffant le 4 à part
auec le premier, qu'on prenne les points oppofez de l'autre, qui font 6. qui adiouftez à 24.
font 30. finalement qu'on reiette ce mefme dé,
& que les points de deffus d'iceluy foyent 2. qui
adiouftez à 30. font 32. & qu'on laiffe auffi ce
dé en l'eftat qu'il eft auec les autres. Lors t'ap-
prochant & regardant les trois dez, tu trouueras que les points paroiffans deffus font 5.4.2.
dont la fomme eft 11. à qui fi tu adiouftes 21.
comme i'ay dit, tu auras 32. la fomme requife.
Ce ieu fe peut auffi practiquer en tant de dez
que l'on voudra, comme i'enfeigneray en l'aduertiffement.

DEMONSTRATION.

CE ieu peut fembler admirable à ceux qui en
ignorent la caufe, & toutesfois la fineffe
n'eft pas des plus grandes, car elle ne depend
que de la ftructure des dez, qui font tous fa-
çonnez de telle forte, que les points des deux
parties oppofees joints enfemble font toufiours
7. Par ainfi d'vn cofté il y a 1. de l'autre cofté
oppofé 6. D'vn cofté fe treuue 2. de l'autre 5.
d'vn

d'vn costé est marqué 3. de l'autre 4. Doncques toutes les fois que tu fais prendre les points des deux parties opposees d'vn mesme dé, tu es asseuré que leur somme est 7. Partant puisque par faisant le ieu comme i'ay enseigné, on prend les points des parties opposees en trois dez, il est certain que cela est autant que prendre trois fois 7. à sçauoir 21. & partant adioustant 21. à tous les autres points qu'on assemble, il est euident qu'on à la somme de tous.

ADVERTISSEMENT.

Pren garde que les dez soyent marquez comme i'ay dit, & qu'ils ne soyent point faux, car autrement le probleme ne se pourroit parfaire. Prens garde aussi qu'il faut practiquer ce ieu comme i'ay enseigné, sans que iamais on fasse prendre immediatement les points des parties opposees d'vn mesme dé. Car celuy qui verroit faire le ieu, pourroit par ce moyen-la descouurir l'artifice bien aisement, remarquant que les points opposez d'vn dé font tousiours 7.

Mais pour faire le mesme ieu en quatre, cinq, ou plusieurs dez, il ne faut que prendre garde combien de fois on fait adiouster les points opposez d'vn dé, & retenir autant de fois 7. pour adiouster à la fin. Comme si l'on auoit ietté quatre dez, practiquant le ieu ainsi que i'ay monstré en trois, on trouueroit qu'on fait prendre six fois les points opposez d'vn dé, partant à la fin il faudroit adiouster 6. fois 7. à sçauoir 42. & en cinq dez on trouueroit qu'on prendroit dix fois les points opposez d'vn dé, partant à la fin il faudroit adiouster 70. & ainsi tousiours l'on peut faire vne reigle pour tant de dez que l'on voudra.

PROBLEME
SEIZIESME.

*Deuiner combien il y a de points en vne
Carte, regardant vne fois seulement
chafcune des autres
Cartes.*

P RENS vn ieu de Cartes entier, où il y en a 52.& donne à
tirer vne carte à quelqu'vn qui
la retiendra fans te la monftrer;
lors pour deuiner combien de
points il y en a en la carte
tiree, pren le refte des cartes, & faifant
valoir les A S, vn, chafque perfonnage 10. &
les autres cartes autant de points qu'elles en
marquent, cômence à adioufter les points de la
premiere carte, aux points de la feconde, & la
fomme d'iceux, aux points de la troifiefme, &
ainfi confecutiuement iufques à la derniere carte, reiectant touhours le nombre de 10. & adiouftant le refte aux points de la carte fuiuante,
comme on reiette 9 en la preuue du 9. Finalement ofte la derniere fomme, ou le dernier refte, du nombre de 10. Ce qui reftera, fera le
nombre

nombre des points de la carte tiree. Que si ladicte derniere somme est esgale à 10. le nombre
des points de la carte tiree, sera aussi 10.

DMONSTRATION.

CE demonstration est bien facile, car il ne
faut que preuuer que la somme des points
de toutes les cartes ensemble, est vn nombre
mesuré par 10. Mais cecy est euident, dautant
qu'en premier lieu la somme des points de tous
les personnages, & des quatre dix, est mesurée
par 10. à cause que chascune desdictes cartes
contient iustement dix points. En apres la somme des autres neuf cartes de mesme point, despuis 1. iusques à 9. estant iustement 45. il est
euident, que toutes les cartes ensemble de tous
les quatre points despuis l'As iusques au 9 inclu-
siuement, feront 4 fois 45. c'est à dire 180 qui
est aussi vn nombre mesuré par 10. Doncques
puisque 10 mesure la somme de tous les points
de tous les personnages, & des quatre dix, &
le mesme 10 mesure la somme des points de toutes les autres cartes despuis l'As iusques au 9.
Il s'ensuit que le mesme 10 mesure le nombre
composé des deux sommes susdictes, à sçauoir la
somme des points de toutes les cartes ensemble.
C'est pourquoy assemblât les points de toutes les
Cartes, & reiettant tousiours 10. il faut que la
derniere somme fasse aussi iustement 10. Partant
si on a tiré vne Carte, adioustant les points de
toutes les autres ainsi que i'ay dit, la derniere
somme, ou le dernier reste ioint auec les points
de la Carte tiree, doit faire 10 iustement. Par

I 4

consequent oſtant de 10 ladicte derniere ſomme, ou ledit dernier reſte, ce qui reſtera ſera infailliblement le nombre des points de la Carte tiree: ou ſi ladicte derniere ſomme eſt 10. il faut que le nombre des points de la Carte tiree ſoit auſſi 10. Ce qu'il falloit demonſtrer.

ADVERTISSEMENT.

Quiconque aura bien compris la demonſtration, il treuuera facilement diuerſes autres façons de faire ce probleme. Car premierement on le peut faire en tout nombre de Cartes ; pourueu qu'on remarque auparauant la ſomme des points de toutes leſdictes Cartes enſemble. Par exemple aux 36. Cartes du Piquet, ſuppoſant que l'As vaille 1. la ſomme des points de toutes les Cartes, ſera 284. qui n'eſt pas iuſtement meſuree par 10. Car oſtant tous les 10 de 284. il reſte 4. Neantmoins on fera le ieu auſſi facilement qu'auparauant, ſi commençant à adiouſter enſemble les points des Cartes, on reiette premierement 4. & puis iuſques à la fin on reiette les 10.

Secondement le nombre qu'on reiette en adiouſtant, & duquel à la fin on ſoubſtrait le dernier reſte, pour deuiner les points de la carte cachée, ſe peut auſſi changer en beaucoup de façons, car il n'importe quel nombre ce ſoit, pourueu qu'il ne ſoit point plus petit que le nombre des points de la plus haute carte. Ainſi au lieu de 10. on pourroit prendre 11. où 12. où 13. &c. Mais il faut touſiours conſiderer ſi ce nombre qu'on choiſira meſure le nombre des points de toutes les cartes, où non, ce qui ſe connoit par la diuiſion ; car s'il ne reſte rien, il le meſure, s'il reſte quelque choſe de la diuiſion, il ne le meſure pas ; & en ce cas il faut oſter le

reſte

reste tout au commencement de l'addition qu'on fait
des points des cartes restantes, comme i'ay dit en l'e-
xemple precedent, qu'il falloit oster 4. auant que de
commencer à oster les 10.

Finalement tu remarqueras, qu'il y a plusieurs cartes dont la valeur est arbitraire, & se peut changer à
plaisir, comme sont tous les personnages, lesquels ordinairement on fait valoir dix, sans aucune difference entre le Roy, la dame, & le valet. Car on pourroit
faire valoir le valet 11. la dame 12. le Roy 13. où bien
quelques autres nombres.

Et faisant ainsi, pourueu que l'on manie deux fois
les cartes, on pourra deuiner non seulement les points
de la carte cachée; mais on deuinera precisément quelle carte c'est. Comme si l'on prend le ieu de cartes tout
entier, à cause que la somme des points de toutes les
cartes est 364. laquelle est mesurée par 13. tu conteras
tousiours iusques à 13. & osteras 13. aussi tost qu'il se
pourra faire, & continuant ainsi iusques à la fin, si tu
ostes de 13. la derniere somme, où le dernier reste tu
trouueras infalliblement le nombre des points de la carte cachee, & par la tu sçauras des-ja si c'est vn Roy où
vn valet, ou vn dix ou vn 9. &c. Par consequent si tu
reprens les Cartes, tu verras incontinent lequel des 4.
Rois, ou des quatre valets, ou des 4. dix, ou des quatre neuf, te manque; & celuy qui te manquera, sera
sans doute la Carte cachee : mais pren garde que s'il ne
restoit rien, la carte cachee seroit vn Roy.

I   5

PROBLEME

DIXSEPTIESME.

Deuiner combien de points il y a
en trois cartes.

R E N s vn ieu de cartes entier, où il y en a 52. & quelqu'vn choisisse trois d'icelles, lesquelles qu'il voudra, tu deuineras combien elles contiennent de points en ceste sorte. Dis luy qu'à chascune des cartes choisies, il adiouste tant des autres cartes, qu'elles accomplissent le nombre de 15. en computant les points de la carte choisie ; cela fait, qu'il te donne le reste des cartes, lors du nombre d'icelles oste 4. & le reste sera infalliblement le nombre des points des trois cartes. Par exemple que les points des trois cartes soyent 4. 7. 9. Il est certain que pour accomplir 15. computant les points de chasque carte, à 4. il faut adiouster 11. cartes ; & à 7. il en faut adiouster 8. & à 9. il en faut adiouster 6. Partant le reste des cartes sera 24. d'où si tu ostes 4. restera 20. le nombre des points des trois cartes: car 4. 7. & 9. font 20. Or comme on peut practique ce ieu en beaucoup de sortes, en quel nombre de cartes que ce soit, ie l'enseigneray en l'aduertissement.

DEMON

DEMONSTRATION.

POur rendre parfaicte raiſon de cecy, ſuppo-
ſons que les trois cartes choiſies ſoyent les
trois moindres, à ſçauoir les trois As. dont chaſcun ne vaille qu'vn, alors il eſt euident que pour
accomplir 15. à chaſque carte il faut adiouſter
14. cartes, & partant le nombre tant des trois
choiſies que des adiouſtees ſera 45. lequel eſtant
oſté du nombre entier des cartes qui eſt 52. il
en reſte 7. d'où ſi l'on oſte 4. reſte 3. le nombre
des points des trois cartes choiſies. Or cecy ſuppoſé il eſt aiſé à preuuer, qu'il faut touſiours
oſter 4. du nombre des cartes reſtantes, pour deuiner la ſomme des points des trois cartes ; Car
d'autant qu'on augmentera les nóbres des points
d'icelles, en mettant des plus hautes cartes, autant moins de cartes il faudra adiouſter pour accomplir les quinze, & partant d'autant preciſé-
ment s'augmentera le nombres des cartes reſtantes, partant oſtant 4. comme auparauant, le
reſte ſera touſiours eſgal au nombre des points
des trois cartes choiſies, par l'axiome: ſi à deux
nombres eſgaux on adiouſte nombres eſgaux,
les ſommes ſeront eſgales. Comme ſi au lieu du
premier As, on met vn ſix, alors la ſomme des
points ſera augmentee de 5. Car au lieu de 3. elle ſera 8. Mais auſſi à la premiere carte au lieu de
14. qu'on y adiouſtoit pour accomplir 15. on
n'adiouſtera maintenant que 9. qui ſont cinq
moins. Partant le reſte des cartes ſe treuuera
augmenté de cinq. Dont il appert de la verité de
mon dire.

ADVER

ADVERTISSEMENT.

De ceste demonstration on peut recueillir vne regle generale pour tout nombre de cartes, & quel nombre que l'on fasse accomplir (car au lieu de 15. on pourroit faire accomplir 14.13.16. &c.) qui est telle. Triple le nombre que tu fais accöplir, & au produit adiouste 3. & soubstray ceste somme de tout le nombre des cartes: le reste sera le nombre qu'il te faudra soubstraire des cartes restantes pour faire le ieu. Comme en l'exemple donné triple 15. vient 45. adiouste 3. vient 48. soubstray 48. de 52. reste 4. le nombres qu'il faut oster des cartes restantes.

Que si le triple du nombre qu'on fait accomplir auec 3. se treuue esgal à tout le nombres des cartes, c'est signe que le nombre des cartes restantes, doit exprimer iustement le nombre des points des trois cartes choisies.

Que si le mesme triple joint auec 3. est plus grand que tout le nombre des cartes, alors il en faut soubstraire le nombre des cartes, & le reste sera vn nombre qu'il faut adiouster au nombre des cartes restantes pour faire le ieu. Par exemple s'il n'y a que 36. cartes, & qu'on vueille comme auparauant faire accomplir 15. Pour trouuer la regle tu tripleras 15. viendra 45. où adioustant 3. vient 48. Qui ne se peut soubstraire de 36. nombre des cartes, partant au rebours, soubstray 36. de 48. & le reste 12. sera vn nombre qu'il faudra adiouster aux cartes restantes, vsant icy d'Addition au lieu de soubstraction.

Et en effect cecy n'est point changer la regle donnée, comme pourront comprendre aisément ceux qui sont tant soit peu exercez en l'Algebre, & qui sçauent les regles d'Addition, & soubstraction par plus & par moins.

moins. Car suiuant la regle il faudroit soubstraire 48 *de* 36. *ce qui se feroit par le signe de moins,& diroit-on que le reste seroit moins* 12. *Puis il faudroit soubstraire moins* 12. *du nombre des cartes restantes, ce qui est autant comme adiouster* 12. *au mesme nombre.*

On peut doncques practiquer ce ieu en infinies façons differentes. Car premierement on le peut faire en tout nombre de cartes, quelles qu'elles soyent, & combien de points qu'on fasse valoir chasque carte.

Secondement on peut faire accomplir quel nombre que l'on veut, computant tousiours les point de chasque carte. Voire il n'est pas necessaire qu'auec toutes trois on fasse accomplir le mesme nombre, mais on peut nommer trois nombres differents, comme 13.14.15. *& alors pour former la regle, il faut adiouster ensemble ces trois nombres, & y adiouster* 3. *& parfaire tout le reste comme i'ay dit cy-dessus.*

Finalement on peut faire le mesme ieu en quatre, cinq, six, ou plusieurs cartes, & former tousiours des regles à l'imitation de celle que i'ay donnée, comme si l'on veut deuiner les points de quatre cartes, & faire accomplir 15. *par tout, & que le nombre des cartes sois* 52. *ie multiplieray par* 4. *le nombre* 15. *viendra* 60. *à qui i'adiousteray* 4. *viendra* 64. *ie soubstrairay de la le nombre des cartes, à sçauoir* 52. *restera* 12. *qui est le nombre qu'il faudra adiouster au nombre des cartes restantes.*

Pren garde seulement qu'il peut arriuer quelquefois que le nombre des cartes sera si petit, & les trois que tu feras accomplir si grands qu'il n'y aura pas assez de cartes pour ce faire; Toutesfois tu parfairas encore le ieu, si tu demandes combien il s'en faut, qu'il n'y ait assez des cartes pour accomplir les trois nombres que tu auras ordonnez; pourueu qu'alors tu t'imagines que le

reste

reste des cartes soit le mesme nombre qui desaut auec le signe de moins. Par exemple que le nôbre des cartes soit 36. & que tu fasses par tout accomplir 15. & que les trois cartes choisies soyent 2. 3. 4. Il est certain qu'on ne pourra pas accomplir 15. par tout, car à la premiere carte il en faudroit adiouster 13. à la seconde 12. à la troisiesme 11. & ces trois nombres auec les trois cartes choisies font 39. Partant le nombre de toutes les cartes n'estant que 36. il s'en faudra trois qu'on ne puisse accomplir 15. par tout, Doncques imagine toy que le reste des cartes c'est moins 3. & puisque en ce cas la regle enseigné qu'au nombre des cartes restantes il faut adiouster 12. Adiouste 12. à--3. tu auras 9. le nombres des points des trois cartes choisies.

PRO

PROBLEME

DIX-HVICTIESME.

De plusieurs cartes disposees en diuers rangs deuiner laquelle on aura pensee.

PREN 15.cartes, & les dispose en trois rangs, si bien qu'il s'en treuue cinq en chasque rang, & que quelqu'vn pense laquelle qu'il voudra pourueu qu'il te declare en quel rang elle est. Alors ramasse à part les cartes de chasque rang, puis join les toutes ensemble, mettant toutesfois le rang où est la carte pensee au milieu des deux autres. En apres derechef dispose toutes les cartes en trois rangs, en posant vne au premier, puis vne au second, puis vne au troisiesme, & en remettant derechef vne au premier, puis vne au second, puis vne au troisiesme, & ainsi iusques à ce qu'elles soyent toutes rangees. Alors demande en quel rang est la carte pensee, & ramasse comme auparauant chasque rang à part, mettant au milieu des autres, celuy où est la carte pensee; & finalement dispose les encore en

re en trois rangs de la mesme sorte qu'auparauant , & demande auquel est-ce que se
treuue la carte pensee , & sois asseuré qu'elle se
treuuera lors la troisiesme du rang où elle sera,
Ainsi tu la deuineras aisément.

Que si tu veux encore mieux couurir l'artifice, tu peux ramasser derechef toutes les cartes en
la façon que i'ay dit dessus , mettant au milieu
des deux autres, le rang où est la carte pensee, &
lors la carte pensee se treuuera au milieu de toutes les quinze cartes, si bien que de quel costé que
l'on commence à conter elle sera tousiours la
huictiesme.

Ce ieu se practique ainsi communement, mais
i'enseigneray en l'aduertissement comme on peut
faire le mesme en tout nombre de cartes , & en
beaucoup de façons differentes.

DEMONSTRATION.

POur rendre raison infallible de cecy, il me
faut preuuer que disposant les cartes ainsi
que i'ay dit par trois fois, en fin apres la troisiesme fois la carte pensee est necessairement la troisiesme du rang où elle se treuue. Or pren garde
que la premiere fois ayant rangé en trois rangs
quinze cartes, comme i'ay dit, quand tu sçais en
quel rang est la carte pensee , tu es asseuré que
c'est vne des cinq qui sont en ce rang la. Partant
recueillant à part les cartes de chasque rang, &
mettant au milieu des autres rangs, celuy où est
la carte pensee & les disposant derechef comme i'ay enseigné alors tu mets en diuers rangs
les cinq cartes qui auparauant n'estoyent qu'en
pensee,

vn seul rang, Partant regarde bien en quelles
places tombent les cartes du rang du milieu,
entre lesquelles tu sçais que doit estre la carte
pensee,& remarque ces cinq points.

1. Que la premiere tombe au second lieu du
troisiesme rang.

2. Que la seconde tombe au troisiesme lieu
du premier rang.

3. Que la troisiesme tombe au troisiesme lieu
du second rang.

4. Que la quatriesme tombe au troisiesme lieu
du troisiesme rang.

5. Que la cinquiesme tombe au quatriesme
lieu du premier rang.

Doncques si la carte pensee est lors au premier rang,tu és asseuré que c'est la troisiesme ou
quatriesme d'iceluy par la remarque du second,
& quatriesme point, partant disposant derechef
les cartes en la façon ordonnee,elle tombera necessairement en la troisiesme place du second,
ou en la troisiesme du troisiesme rang, par le
troisiesme & quatriesme point.

Que si apres la seconde disposition la carte pé-
see est au second rang , tu es asseuré que c'est la
troisiesme du mesme rang , par la remarque du
troisiesme point , partant dés lors tu la peux deuiner,mais quand bien tu rangeras derechef les
cartes en la façon exposee , elle retumbera tousiours en la mesme place par le mesme troisiesme
point.

Que si la carte pensee apres la seconde disposition est au troisiesme rang,tu és asseuré que c'est
la secóde, ou la troisiesme d'iceluy par la remarque du premier, & du quatriesme point, partant

K

rangeant derechef les cartes, elle tombera infalliblement en la troisiesme place du premier rág, par le second point, ou en la troisiesme du second par le troisiesme point. Doncques quoy-qu'il aduienne, apres la troisiesme fois, la carte pensee sera tousiours la troisiesme du rang où elle se treuuera. Ce qu'il falloit demonstrer.

ADVERTISSEMENT.

Si tu comprens bien le fondement de ce ieu il te sera bien aisé de le faire en tout nombre de cartes, & en plusieurs differentes façons, Car la finesse côsiste en cela, que les cartes d'vn mesme rang par vne autre disposition se separent, & se mettent en diuers rangs, ce que ie veux esclaircir entieremeut, par vn exemple facile. Pren 16. cartes, & les dispose seulement en deux rangs, tellement qu'il y en ait 8. d'vn costé, & 8. de l'autre. Lors sçachant en quel rang est la carte pensee, tu és asseuré que c'est vne des huit: partant prenant les cartes de chasque rang à part, & les disposant de telle sorte que tu en mettes vne au premier rang, l'autre au second, puis vne au premier, puis vne au second, & ainsi iusques à la fin, tu vois bien que des huit cartes entre lesquelles est la carte pensee, il en tambe quatre d'vn costé & quatre de l'autre. Doncques demandant lors en quel rang est la carte pensee tu és asseuré que c'est vne de quatre. Que si tu les ranges derechef ainsi que i'ay dit, de ces quatre là il en tombera deux d'vn costé, & deux de l'autre, partant si tu sçais lors en quel rang est la carte pensee, tu és asseuré que c'est vne des deux. Que si finalement tu les ranges encore comme il faut, de ces deux là l'vne se treuuera au premier rang, l'autre au second. Par consequent sçachant lors en quel rang est la carte pensee, tu la deuine-

*r.u infalliblement. Que fi tu veux faire le ieu plus prom-
ptement prenant les mefmes* 16. *cartes, il te les faut difpofer en quatre rangs, fi bien qu'en chafque rang il y en
ait* 4. *& apres auoir fçeu en quel rang eft la carte penfee, difpofant derechef les cartes en la façon cy deuant
expofee, les quatre de ce rang là fe fepareront toutes, tellement qu'vne tombera au premier rang, l'autre au fecond, l'autre au troifiefme, l'autre au quatriefme. Partant tout incontinent tu peux deuiner la carte penfee
fçachant le rang où elle eft alors.*

*Par ce mefme artifice quelques vns font vn autre ieu
affez gentil, par lequel plufieurs cartes eftant propofees
à plufieurs perfonnes, on deuine quelle carte chafque
perfonne à penfee. Par exemple qu'il y ait quatre perfonnes, pren quatre cartes & les monftrant à la premiere
perfonne, dis-luy qu'elle penfe celle qu'elle voudra, &
mets à part ces quatre cartes. Puis pren-en quatre autres, & les prefente de mefme à la feconde perfonne, à fin
qu'elle penfe celle qu'elle voudra ; & fais éncor tout le
mefme auec la troifiefme, & quatriefme perfonne. Alors
prens les quatre cartes de la premiere perfonne & les
difpofe en quatre rangs, & fur icelles range les quatre
de la feconde perfonne, puis les quatre de la troifiefme,
puis celles de la quatriefme. Et prefentant chafcun de
ces quatre rangs à chafque perfonne, demande à chafcune en quel rang eft la carte par elle penfee: car infalliblement la carte de la premiere perfonne, fera la premiere
du rang où elle fe treuuera la carte de la feconde perfonne fera la feconde de fon rang ; la carte de la troifiefme,
fera la troifiefme en fon rang, & la carte de la quatriefme, fera la quatriefme du rang où elle fe treuuera. Et
ainfi des autres, s'il y a plus de perfonnes, & par confequent plus de cartes. La raifon de cecy eft bien euidente,
partant ie ne m'y amuferay pas d'auantage.*

*Voyla ce que i'auois dit de ce ieu en la premiere im-
preſſion de ce liure Mais en ceſte ſeconde, ie veux
donner vne autre façon de le faire beaucoup plus belle
que toutes les precedentes. Prens vn nombres de cartes qui ſoit le produit de la multiplication de deux
nombres prochains, c'eſt à dire dont l'interualle ſoit
l'vnité, comme 12. qui ſe fait multipliant 3. par 4.
où 20. qui ſe fait multipliant 4. par 5. où 30. qui ſe
fait multipliant 5. par 6. où 42. qui ſe fait multipliant 6. par 7. puis accouple leſdites cartes deux à
deux, & ordonne qu'on en penſe deux ainſi accouplees comme elles ſont. Alors ramaſſe toutes leſdites
cartes enſemble, mettant touſiours celles qui ſont
accouplees l'vne aupres de l'autre. Apres tu rangeras toutes tes cartes en vn quarré long en ceſte ſorte.
Mets les trois premieres par meſme ordre l'vne à coſté
de l'autre puis range la 4. ſous la 1. Puis mets la 5.
à coſté de la troiſieſme, la 6. ſous la 4. la 7. à coſté de
la 5. la huictieſme ſous la 6. & continuë à faire de la
ſorte, iuſques à ce qu'au rang de celles que tu mets à
coſté l'vne de l'autre, il y ait vn nombre de cartes eſgal au plus grand coſté de ton quarré long, & vn autre nombre de cartes eſgal au moindre coſté du meſme
quarré long, au rang de celles que tu mets l'vne ſous
l'autre. Comme ſi tu as pris 20. cartes, le plus grand
coſté ſera 5. & le plus petit 4. Partant tu rangeras
tes cartes en la façon expoſee, iuſques à ce qu'il y en
ait 5. l'vne à coſté de l'autre, & 4. l'vne ſous l'autre. Ce qui ſera, lors que tu auras mis la 8. ſous la
6. Cela fait, range à coſté de la 4. la 9. la 10. & la
11. toutes de ſuitte. Puis mets la 12. ſous la 9. & la
13. à coſté de la 11. & la 14. ſous la 12. Apres range
tout de ſuitte la 15. 16. 17. à coſté de lo 12. Et finalement la 18. 19. 20. à coſté de la 14.*

Mais

Mais parce que ie ne te puis icy exprimer 20. *car-*
tes par nombres, prenons au lieu de 20 *cartes,* 20
nombres, à sçauoir les 20 *premiers despuis* 1. *iusques*

A	1	2	3	5	7	B
C	4	9	10	11	13	D
E	6	12	15	16	17	F
G	8	14	18	19	20	H

à 20. *Et supposant que tu*
les ayes accouplez au com-
mencement deux à deux
mettant ensemble 1 *&* 2.
3 *&* 4. 5 *&* 6. 7 *&* 8 9
& 10. 11 *&* 12. 13 *&*
14. 15 *&* 16. 17 *&* 18. 19 *&* 20. *Il est donc*
certain que suiuant la reigle donnee, tu les rangeras
comme tu vois qu'ils sont en la figure apposée. Cela
fait tu demanderas en quel rang, ou en quels rangs
sont les deux nombres pensez, prenant les rangs
d'vn costé à l'autre non pas de haut en bas, le
premier estant A B, le second C D, le troisies-
me E F, le quatriesme G H. Lors on te dira que
les deux nombres pensez sont en vn mesme rang,
ou en deux rangs differens specifiant lesdits rangs.
S'ils sont en vn mesme rang, tien pour regle asseuree
que ce sont deux nombres l'vn à costé de l'autre,
dont le premier tient le mesme rang dans son pro-
pre rang, que tient ce rang mesme entre les au-
tres rangs, comme si les deux nombres pensez sont
au premier rang, le premier d'iceux est le premier
du premier rang, & les nombres pensez sont 1 *&*
2. s'ils sont au second rang, le premier est le se-
cond de ce rang là, & les deux nombres sont 9 *&*
10. s'ils sont au troisiesme rang, le premier d'i-
ceux est le troisiesme de ce rang là, & les nombres
pensez sont 15 *&* 16. *s'ils sont au quatriesme rang,*
le premier d'iceux est la quatriesme de ce rang là,
& les nombres pensez sont 19 *&* 20. *Tu remar-*
queras dont attentiuement les nombres susdits; 1.

A	1	2	3	5	7	B
C	4	9	10	11	13	D
E	6	12	15	16	17	F
G	8	14	18	19	20	H

& 2. 9 & 10. 15 & 16. 19 & 20. Car ie les appelle les clefs du ieu, que seruent non seulement pour deuiner les deux nombres pensez, lors qu'ils sont tous deux en vn mesme rang, mais aussi lors qu'ils sont en deux diuers rangs. D'autant qu'en ce cas, aussi tost qu'on t'à manifesté les deux rangs, ou sont les deux nombres pensez, il te faut prendre la clef du rang le plus haut, & sous le premier nombre de ladite clef, tu trouueras au rang d'embas vn des deux nombres pensez, & à costé du second nombre de la clef en esgale distance, tu trouueras l'autre nombre pensé. Par exemple si les deux nombres pensez sont 7. & 8. On te dira, qu'ils sont au premier & au quatriesme rang. Pren donc la clef du plus haut de ces deux rangs, à sçauoir du premier, laquelle & 1. & 2. & descens droit despuis 1. iusques au quatriesme rang, tu trouueras 8. vn des nombres pensez. Apres cherche à costé de 2. vn nombre autant esloigné de 2. que 8 est esloigné de 1. tu trouueras 7. l'autre nombre pensé. Que si l'on te dit que les nombres pensez sont au second, & au quatriesme rang, tu prendras la clef du second rang qui est 9. & 10. & descendant droit despuis 9. iusques au quatriesme rang tu trouueras 14 vn des nombres pensez, & si tu prens à costé de 10. vn nombre autant esloigné de 10. que 14 de 9. tu trouueras l'autre nombre pensé qui est 13.

La demonstration de cecy à mesme fondement que les regles donnees cy-deuant, car il est euident, que des nombres accouplez deux à deux, il n'y en à iamais qu'vn couple qui se treuue au mesme rang, de tous les autres l'vn est tousiours en vn rang, & l'autre en vn autre

autre. Tout ce à quoy il faut bien prendre garde, c'est
à disposer lesdits nombres comme i'ay enseigné. Et pour
mieux te faire comprendre cet ordre, i'ay icy mis les
deux figures suiuantes l'vne de 30 nombres, l'autre
de 42.

1	2	3	5	7	9
4	11	12	13	15	17
6	14	19	20	21	23
8	16	22	25	26	27
10	18	24	28	29	30

1	2	3	5	7	9	11
4	13	14	15	17	19	21
6	16	23	24	25	27	29
8	18	26	31	32	33	35
10	20	28	34	37	38	39
12	22	30	36	40	41	42

Ce ieu se peut faire non pas seulement auec vne personne ; mais encor auec plusieurs en mesme temps. Car
quand ils seront quatre ou cinq, dont chascun pensera en
mesme temps, deux de ces cartes accouplees, apres que
tu les auras rangees en vn quarre long tu demanderas
à chascun l'vn apres l'autre en quels rangs sont celles
qu'il à pensees, & les deuineras par la regle donnee.

K 4

PROBLEME
DIX-NEVFIESME.

*Deuiner de plusieurs cartes, celle que quel-
qu'vn aura pensée.*

Ren tant de cartes qu'il te plaira , & les monstre par ordre à
celuy qui en voudra penser
vne, & qu'il en pense vne pourueu qu'il se souuienne la quantiesme c'est , à sçauoir , si c'est
la premiere, ou la seconde, ou la troisiesme,
&c. Mais en mesme temps que tu luy monstres
les cartes l'vne apres l'autre conte les secrette-
tement , & quant il aura pensé , & que tu auras
conté tant auant qu'il te plaira , pren les cartes
que tu auras contées , & dont tu sçais parfaitte-
ment le nombre , & pose-les sur les autres que
tu n'as pas contées , de telle sorte que les voulant reconter elles se treuuent disposées au contraire , à sçauoir que la derniere soit la premiere , & la penultiesme soit la seconde , & ainsi
des autres. Alors dis hardiment que les contant
en celle façon la carte pensée tombera sous le
nombre des cartes , par toy secrettement contées & transposées, puis luy demandant la quantiesme

tiesme estoit la carte pensée, commence à conter tes cartes ainsi que i'ay dit à rebours, & sur la premiere mets le nombre exprimant la quantiesme estoit la carte pensée, & suiuant l'ordre des nombres, & des cartes tu ne failliras iamais de rencontrer la carte pensee, lors que tu arriueras au nombre que tu auras dit.

DEMONSTRATION.

A.	B.	C.	D.	E.	F.	G.	H.	K.
1.	2.	3.	4.	5.	6.	7.	8.	9.

PRens les cartes A. B. C. D. E. F. G. H. K. & que la premiere soit A, la seconde B. la troisiesme C &c. & que la carte pensée soit la quatriesme, à sçauoir D. & supposons que tu ayes conté tant auant qu'il t'aura pleu, à sçauoir iusques à k, qui sont 9. cartes. Alors ayant renuersé ces 9. cartes & commençant à conter par la derniere, tu diras que la carte pensée viendra la neufuiesme. En apres tu demanderas la quantiesme estoit la carte pensée, & on te dira qu'elle estoit la quatriesme, partant mettant quatre sur le k. & cinq sur H. & six sur G. & ainsi consecutiuement tu trouueras que le nombre 9. tombera infailliblement sur la carte pensée D. Or la cause de cecy n'est pas trop cachée, car en contant les mesmes cartes par ordre, soit qu'on commence par vn bout, soit qu'on commence par l'autre, il y a tousiours le mesme nombre d'vn costé & d'autre. Doncques il y a autant de cartes despuis D. iusques à K, que despuis k.

K 5

iusques à D. Partant puis que mettant quatre
sur D. le neuf tombe sur k. il est certain que si
l'on met quatre sur k. il faudra que le neuf tombe sur D. Partant la practique de ce probleme
est suffisamment demonstrée.

ADVERTISSEMENT.

*Quelques vns practiquent ce ieu vn peu diuersement
& semble qu'ils le fassent pour mieux couurir l'artifice.
Car ils adiouftent toufiours 1. au nombre des cartes
qu'ils ont contées, & disent que la carte pensée tombera
foubs ce nombre là ainsi augmenté d'vn : mais alors
ayant demandé la quantiefme estoit la carte pensée, ils
ne commençent pas à conter par ce nombre là, mais par
vn plus grand d'vne vnité , comme en l'exemple donné
ayant conté 9 cartes ils diront que la carte pensée viendra la dixiefme , mais ayant fçeu qu'elle estoit la quatriefme, ils mettront cinq fur le K, six fur H, sept fur G
& ainsi confecutiuement.*

*Or il appert assez que ceste façon de faire reuient à
celle que i'ay donnee, car si on accroit efgalement deux
nombres , les fommes garderont le mefme interualle,
partant entre 5. & 10. il y a autant d'interualle qu'entre 4 & 9. Doncques si mettant 4 fur K , le 9. tombe
fur D. comme i'ay preuué , il faut necessairement que
mettant 5. fur K, le 10. tombe fur le mefme D.*

PRO

PROBLEME
VINGTIESME.

*De plusieurs nombres par ordre commen-
ceans par l'vnité, & disposez en
rond, deuiner lequel on
aura pensé.*

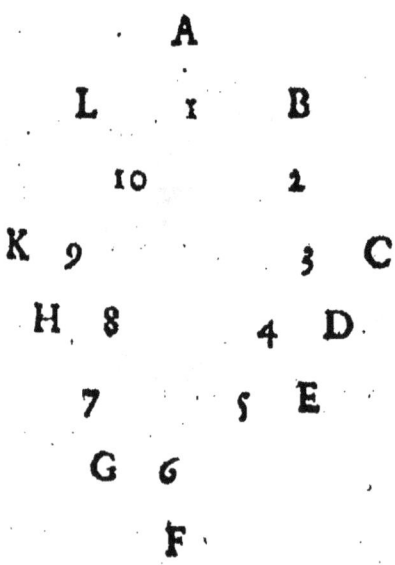

```
            A
    L       1       B
        10      2
  K   9             3   C
    H   8       4   D
        7       5   E
      G   6
          F
```

SOyent par
exéple dix
nombres A. B. C.
D. E. F. G. H. K.
L. commenceans
par l'vnité, & dis-
posez comme tu
vois, tellement
que A soit vn B
deux C trois, D
quatre &c. com-
me si c'esto-
yent dix car-
tes commençant par l'As, & suiuant par ordre
iusques à dix, & que quelqu'vn pense celle qu'il
voudra, puis qu'il en touche vne laquelle qu'il
luy

luy plaira. Lors au nombre de celle qu'il aura
touchée adiouſte le nombre iuſte de toutes les
cartes, & luy fay conter à rebours iuſques à
ceſte ſomme là, commençant par celle qu'il a
touchée, & mettant ſur icelle ſecretement le
nombre de celle qu'il a penſee, & infalliblement à la fin il tombera ſur la carte penſée. Par
exemple qu'il penſe le G. à ſçauoir 7. & qu'il
touche le B. à ſçauoir 2. Adiouſte à 2. tout le
nombre des cartes à ſçauoir 10. tu auras 12. dis
luy qu'il conte iuſques à 12. commençant deſpuis B. & allant à rebours du coſté de A. L. k.
&c. mettant le nombre penſé, à ſçauoir 7. ſur
D. Ainſi 8. tombera ſur A. & 9. ſur L. & 10. ſur
k. & 11. ſur H. & finalement 12. ſur la carte
penſée G. Le meſme aduiendroit quelle quantité de nombres qu'il y eut, comme s'il y en
auoit 15. tu adiouſterois 15. au nombre touché,
& ferois conter iuſques à telle ſomme, allant à
rebours & commençant par le nombre touché,
& mettant ſur iceluy le nombre penſé & ainſi
des autres.

DEMONSTRATION.

LA demonſtration de ce ieu eſt facile preſup-
poſant deux principes. L'vn eſt celuy que i'ay
deſ-ja apporté en la demonſtration du probleme precedant, à ſçauoir que pluſieurs vnitez
eſtant diſpoſées par ordre, ſi l'on met vn nombre ſur la premiere, & que continuant à conter
ſelon l'ordre naturel des nombres, il en tombe
vn autre ſur la derniere, le meſme nombre tombera ſur la premiere, ſi l'on met ſur la derniere
celuy

celuy la qu'on auoit mis fur la premiere, &
qu'on conte à rebours.

L'autre principe eft que plufieurs vnitez eftant
difpofées en rond, fi l'on commence à conter
par quelqu'vne, & qu'on mette quelque nombre fur icelle, pourfuiuant de conter en rond
iufques à ce qu'on reuienne à celle par laquelle
on a commencé, le nombre qui fe fait adiouftant tout le nombre des vnitez à celuy qu'on
aura mis fur ladicte vnité, tombera fur la mefme vnité. Par exemple que l'on commence à
conter defpuis A, & que l'on mette 8 deffus. Il
eft euident que fi l'on parfaict le rond, en fin
deffus le mefme A, il tumbera 18. qui fe faict
adiouftant 8 au nombre des vnitez qui eft 10.

Car commençant à conter par vne des vnitez,
& parfaifant tout le rond, on parcourt toutes
les vnitez, partant c'eft autant que prendre tout
le nombre defdictes vnitez.

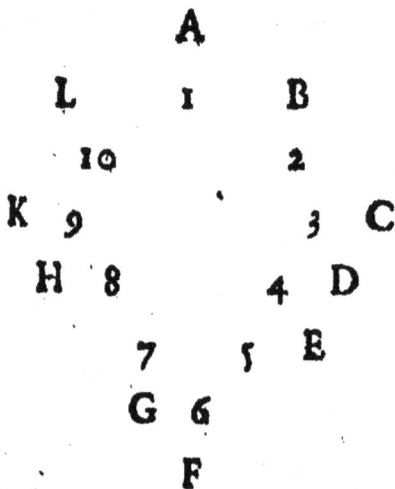

A
L   1   B
10   2
K 9   3 C
H 8   4 D
7 5 E
G 6
F

Or cela fuppo-
fé, que quelqu'vn
ait penfé la carte
G. à fçauoir 7.
Alors celle qu'il
touchera, ou ce
fera la mefme, ou
vne autre apres
fuiuante en l'or-
dre naturel des
nombres, ou vne
autre deuant.

Premierement qu'il ait touché la mefme, alors
la chofe eft euidente. Car par la reigle donnée n̄
commen

commencera à conter despuis le mesme G. iusques à 17. mettant 7 sur le mesme G, partant par le second presupposé, le nombre 17. tombera sur le mesme G.

Secondement qu'il ait touché vne carte suiuante comme L. alors adioustant le nombre des cartes selon la reigle au nombre de L, tu feras conter iusques à 20. mettant sur L le nombre pensé 7. Or est-il que G, estant 7. & poursuiuant à conter par ordre, le nombre 10 tombe sur L. Doncques si sur L. nous mettons 7. en contant à rebours, & reuenant par le mesme chemin, le nombre 10. tombera infalliblement sur G. par le premier presupposé. Doncques le nombre 20. tombera aussi sur le mesme G par le second presupposé.

Finalement qu'il ait touché quelque carte precedente comme B, alors adioustant 10 à 2. tu feras conter iusques à 12. mettant le nombre pensé 7. sur B : & allant du costé de A, L, K, & ceter. Or est-il que mettant 2. Dessus B, & contant naturellement du costé de C. D. & cet. le nombre 7. tombe sur G ; Doncques si l'on s'imagine que B soit 7. il s'ensuit qu'on suppose que G. soit 2, par le premier presupposé. Partant quand l'on met 7. dessus B, & qu'on poursuit à conter du costé de A, c'est autant que si l'on auoit commencé à conter despuis G; mettant 2. sur iceluy. Il est donc certain par le second presupposé que poursuiuant à conter, & parfaisant le rond, le nombre 12 tombera sur le mesme G. Par consequent la practique de ce ieu demeure parfaictement demonstree.

ADVER

ADVERTISSEMENT.

On peut en deux sortes diuersifier la prattique de ce ieu.

Premierement faisant comme i'ay dit que quelques vns font au probleme precedent. Par exemple qu'on ait pensé 7. & touché B comme cy dessus. Au lieu de faire conter iusques à 12. comme la reigle donnee enseigne, ie feray conter iusques à 13. qui est 1. plus: mais alors sur la carte touchee B, ie ne feray pas mettre le nombre pensé 7. ains l'autre qui suit, à sçauoir 8. & infalliblement le nombre 13. tombera sur G. & il est certain que par ceste façon l'on couure mieux l'artifice.

Secondement pour trouuer le nombre iusques auquel ie veux faire conter, Ie puis au nombre de la carte touchee, adiouster le nombre de toutes les cartes non vne fois seulement, mais deux, trois, quatre ou plusieurs fois. Par exemple B. estant touché ie peux faire conter iusques à 12. ou iusques à 22. iusques à 32. 42. & cet. & ainsi iusques à quel autre nombre qui prouiendra adioustant à 2. quelque multiple de 10. & la raison est la mesme que celle que i'ay apportee au second presupposé, car sur la mesme carte que tombera 12. sur la mesme, parfaisant le rond tomberont aussi 22. 32. 42. & cet.

Le mesme s'entend si l'on veut prattiquer le ieu en la façon cy deuant declaree. Par exemple le mesme B estant touché, si l'on fait conter iusques à 13. au lieu de 12. on peut aussi faire conter iusques à 23. 33. 43. & cet. & ainsi des autres vnitez.

Prens garde que si tu fais ce ieu auec dix cartes, il
aura

aura plus de grace, & l'artifice se cachera mieux si tu renuerses les cartes, tellement qu'on ne voye pas comme elles sont disposees : mais il est necessaire que tu remarques la disposition d'icelles, à fin de sçauoir le nombre de la carte touchee, pour trouuer celuy iusques auquel il faut faire conter.

PRO

PROBLEME
XXI.

Disposer en trois rangs les neuf premieres
cartes, dèspuis l'As, iusques au 9. tel-
lement que les points de chasque rang
assemblez fassent tousiours la mesme
somme, tant en long, qu'en large, &
en diametre.

	G	K	M	
A	4	9	2	B
C	3	5	7	D
E	8	1	6	F
	H	L	O	

E ne sçau-
rois mieux
te declarer
le sens de la
propofition
de ce pro-
bleme ny
mieux t'enseigner le moyen de le parfaire, qu'en
t'exposant la figure que i'ay mise à costé, ou
tu vois que les neuf premiers nombres sont disposez en trois rangs, tellement que chascun
des rangs A B. C D. E F. faict la somme de
15. & derechef chascun des trois rangs G H.
K L. M N. faict semblablement 15. & les nombres qui sont disposez en diametre, à sçauoir

L

d'vn cofté 4. 5. 6. & de l'autre 2. 5. 8. font encore 15. Quant à la reigle generale pour difpofer ainfi tous les nombres defpuis l'vnité iufques à vn nombre quarré, quel qu'il foit ; i'en
parleray en l'aduertiffement.

ADVERTISSEMENT.

I'ay veu en plufieurs autheurs, difpofez en cefte
forte tous les nombres defpuis l'vnité iufques aux fept
nombres quarrez confecutifs commençant à 9. à fça-
uoir 9. 16. 25. 36. 49. 64. 81. Mais la reigle pour
les difpofer ainfi, ie ne l'ay treuuee en aucun autheur.
Or apres auoir beaucoup fpeculé là deffus, i'ay en fin
treuué vne reigle tres-belle & tres-facile pour tous les
quarrez impairs : mais pour les pairs, ie n'ay peu ren-
contrer aucune iufques à prefent qui foit parfaicte, &
qui me contente. Quant à la reigle des quarrez im-
pairs elle eft telle. Fais vn quarré parfaict A B C D. &
diuife chafque cofté en autant de parties efgalles, qu'il

y a d'vnitez au cofté du quarré que
tu veux difpofer ; Puis tire des li-
gnes paralleles aux coftez tant en
long qu'en large des points de tes
diuifions ; & tout le quarré fe treu-
uera diuifé en autant de petits
quarrez, que tu as de nombres à
difpofer comme fi tu veux difpofer
neuf nombres tout le quarré A B C D, fera diuifé
en 9 petits quarrez, comme tu vois en la figure. Apres
allonge fur tous les coftez, les lignes tirees des points
de tes diuifions, & fais derechef des petits quarrez
femblables aux premiers, qui aillent toufiours decroif-
fant du nombre de deux, iufques à ce qu'ils fe termi-
nent.

A ☐1☐ B
☐4☐ ☐2☐
☐7☐ ☐5☐ ☐3☐
☐8☐ ☐6☐
C ☐9☐ D

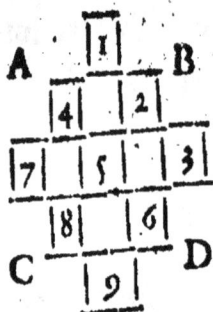

nent en vn seul petit quarré, lors range tes nombres suiuant l'ordre naturel des nombres & mets 1 au petit quarré d'enhaut, & le 2. & le 3. aux petits qui sont à l'entour du mesme diametre que le premier, c'est à dire que 1. 2. 3. se doiuent disposer dans les trois petits quarrez qui vont en biaisant, & semblablement dans trois autres tu mettras 4. 5. 6. & dans trois autres 7. 8. 9. comme tu vois en la premiere figure. Cela faict, les nombres qui se treuueront dans ton quarré A B C D. seront iustement colloquez en leurs places, à sçauoir 2. 4. 5. 6. 8. Mais les autres qui sont demeurez dehors, tu les mettras dans les places vuides qui restent vsant seulement de transposition, c'est à sçauoir que ceux d'enhaut, tu les

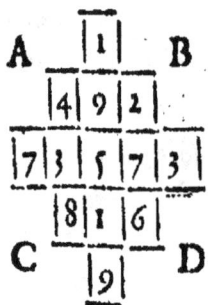

A ☐1☐ B
☐4☐☐9☐☐2☐
☐7☐☐3☐ ☐5☐ ☐7☐☐3☐
☐8☐☐1☐☐6☐
C ☐9☐ D

mettras en bas, & ceux d'embas tu les porteras en haut; Ceux du costé gauche, passeront au costé droit, & ceux du costé droit, iront au costé gauche, comme tu vois en la seconde figure. Ainsi tous tes nombres seront disposez en la façon que requiert ce probleme. Mais remarque que la reigle generale de la transposition est qu'il faut porter le nombre qui se treuue hors de ton quarré, dans le mesme rang ou il se treuue, autant de places plus auant, qu'il y a d'vnitez au costé de ton quarré : Comme en nostre exemple, il le faut porter trois places plus auant, à cause que 3 est le costé de 9. & si nous auions pris au lieu de 9. les quarrez 25. ou 49. on porteroit les nombres qui se treuueroient

L 2

hors des quarrez 5 places ou 7 places plus auant, à cause que 5. est le costé de 25. & 7 est le costé de 49. Pour mieux te faire entendre ceste reigle, i'ay disposé icy en mesme sorte tous les nombres despuis 1. iusques à 25. comme tu vois es deux figures suiuantes.

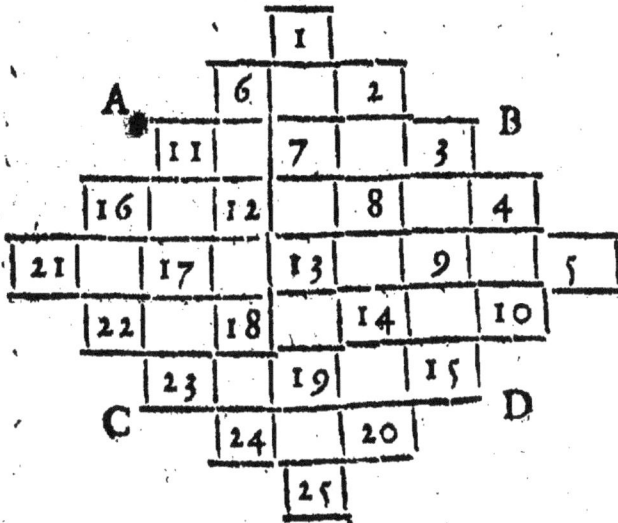

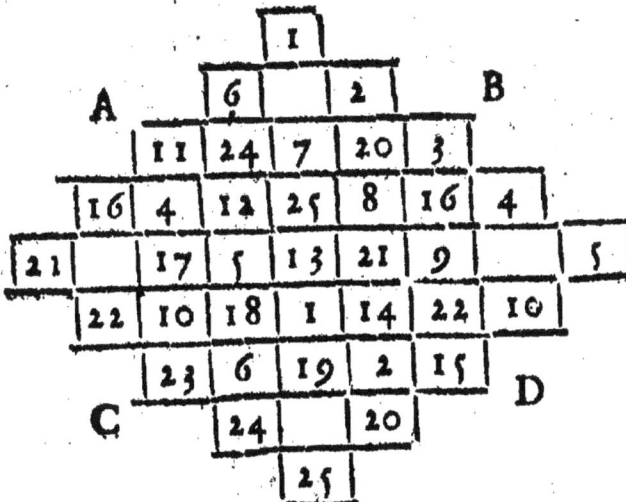

```
            1
        6       2
  A  11    7    3   B
   16   12   8    4
 21   17   13   9    5
   22   18   14   10
     23   19   15
  C    24    20   D
            25
```

```
            1
        6       2
  A  11  24  7  20  3   B
   16  4  12  25  8  16  4
 21   17  5  13  21  9    5
   22  10 18  1  14  22 10
     23  6  19  2  15
  C    24    20   D
            25
```

Ainsi les 25 nombres sont disposez comme il faut dans le quarré A B C D. car la somme de chasque rang est tousiours 65. La mesme reigle sert en tous autres

autres nombres , pourueu qu'ils soient pris en continuelle progression Arithmetique , encor qu'ils ne com-
menceront point par 1. & que la difference de la progression ne sera point 1. Comme si tu veux ainsi disposer les 9 nombres suiuans 4.7.10.13.16.19.22.25.

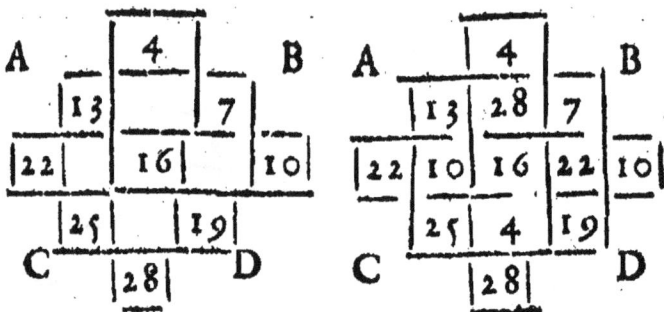

28. pource qu'ils sont en progression arithmetique , tu
le pourras faire par la reigle donnee, & comme tu
vois que i'ay faict aux deux figures apposées, car au
quarré de la seconde A B C D. lesdits 9. nombres
sont tellement disposez que la somme de chasque rang
est tousiours 48.

On peut tirer de cecy vne autre façon de faire ce
ieu auec neuf cartes , laissant l'as , & prenant les autres 9 despuis le 2. iusques au 10. & si tu observes

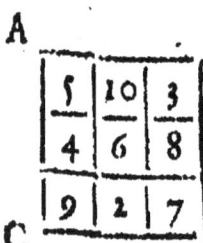

bien la reigle , elles se treuueront
disposées comme tu vois en la
figure , ou la somme des nombres
de chasque rang est tousiours 18.
En outre c'est chose digne de
remarque que les nombres disposez en diametre ne sont pas seu-
lement la mesme somme , que font ceux de chascun des
autres rangs. Mais encore ils se treuuent tousiours
disposez en progression arithmetique. Et de ceux du

L 3

A ———————————— B *diametre* A D , *la difference*

5	10	3
4	6	8
9	2	7

de la progreßion est la mesme,
que celle de la progreßion de
tous les nombres ; de ceux du
C ———————————— D *diametre* B C , *la difference de*
la progreßion , est le produit de
la multiplication de la difference de ceux du diametre
A D , *par le costé du quarré , qui exprime la multi-*
tude des nombres. Ce que tu peux verifier par tous les
exemples que i'ay rapportez.

Voila tout ce que ie puis dire touchant la reigle des
quarrez impairs, dont ie ne donne point la demonstra-
tion , à cause que pour ce faire, il me faudroit icy rap-
porter vn liure tout entier de mes elemens Arithmeti-
ques auquel ie demonstre les proprietez de la progres-
fion Arithmetique.

Quant à la reigle des quarrez pairs , i'ay desia dit
que ie n'en ay point encor treuué vne parfaicte. C'est
pourquoy ie ne m'amuseray pas à mettre , par escrit,
plusieurs particulieres obseruations que i'ay faictes sur
ce subiet , auec lesquelles neantmoins , i'ay disposé tous
les nombres despuis l'vnité , iusques aux quarrez
100 & 144. ce que personne n'auoit encore faict de-
uant moy. Mais i'aduertiray bien le lecteur, que pour
ces quarrez pairs , il faut necessairement donner deux
reigles differentes, à cause que ceux dont le costé est pai-
rement pair ne se disposent pas du tout de la mesme
façon, que ceux dont le costé est pairement impair. Et
pour le faire voir clairement , comme aussi pour don-
ner quelque lumiere à ceux qui apres moy voudront
prendre la peine de chercher ces reigles , i'ay mis icy
les figures des cinq premiers quarrez pairs , à sça-
uoir de 16. 36. 64. 100. 144. disposez comme
il faut , & dessous chasque figure i'ay costé le nombre
quarré,

quarré, dessus i'ay mis la somme que font les nombres de chasque rang.

16

A			B
4	14	15	1
9	7	6	12
5	11	10	8
16	2	3	13

C   D

34

A   36   B

6	32	3	34	35	1
7	11	27	28	8	30
19	14	16	15	23	24
18	20	22	21	17	13
23	29	10	9	26	12
36	5	33	4	2	31

C   D

111

64

A   B

8	58	59	5	4	62	63	1
49	15	14	52	53	11	10	56
41	23	22	44	45	19	18	48
32	34	35	29	28	38	39	25
40	26	27	37	36	30	31	33
17	47	46	20	21	43	42	24
9	55	54	12	13	51	50	16
64	2	3	61	60	6	7	57

C   D

260

100

10	92	93	7	5	96	4	98	99	1
11	19	18	84	85	86	87	13	12	90
71	29	28	77	76	75	24	23	22	80
70	62	63	37	36	35	34	68	69	31
41	52	53	44	46	45	47	58	59	60
51	42	43	54	56	55	57	48	49	50
40	32	33	67	65	66	64	38	39	61
30	79	78	27	26	25	74	73	72	21
81	89	88	14	15	16	17	83	82	20
100	9	8	94	95	6	97	3	2	91

A ... B

C ... D

505.

144.

12	134	135	9	8	138	139	5	4	142	143	1
121	23	22	124	125	19	18	128	129	15	14	132
109	35	34	112	113	31	30	116	117	27	26	120
48	98	99	45	44	102	103	41	40	106	107	37
60	86	87	57	56	90	91	53	52	94	95	49
73	71	70	76	77	67	66	80	81	63	62	84
61	83	82	64	65	79	78	68	69	75	74	72
96	50	51	93	92	54	55	89	88	58	59	85
108	38	39	105	104	42	43	101	100	46	47	97
25	119	118	28	29	135	134	32	33	111	110	36
13	131	130	16	17	127	126	20	21	123	122	24
144	2	3	141	140	6	7	137	136	10	11	133

A ... B

C ... D

870.

An

Au reste toutes les proprietez des nombres des quar-
rez impairs que nous auons declarées cy dessus conuien-
nent aussi à ceux cy des quarrez pairs. Car premiere-
ment on peut disposer en mesme sorte toute multitude
de nombres qui soit vn quarré pair, pourueu que lesdits
nombres soyent en progression Aritmethique, & cela se
fera imitant la figure du quarré pair qui exprime la
multitude des nombres, & mettant le plus petit de tes
nombres en la place de 1. l'autre apres en la place
de 2. le troisiesme au lieu du 3. & ainsi consecutiue-
ment. Par exemple si tu veux ainsi disposer les seize

A

14	44	47	5
29	23	20	38
17	35	32	26
50	8	11	41

B *nombres suiuans 5.8. 11.14.*
17.20.23.26. 29. 32. 35.
38.41.44.47.50. tu imiteras
la figure du quarré 16. com-
me i'ay dit, & les rangeras
ainsi que tu les vois en la fi-

C ... D

gure, ou la somme des nombres de chasque rang, est tou-
siours 110.

En outre les nombres disposez en diametre, obseruent
aussi la progression Aritmethique; mais la difference de
de la progression de ceux du diametre A D est le pro-
duit de la multiplication de la difference de la progres-
sion de tous les nombres ; par vn nombre moindre de
l'vnité que le costé du quarré: & la difference de la pro-
gression de ceux du diametre B C est le produit de la
multiplication, de la difference de la progression de tous
les nombres, par vn nombre surpassant de l'vnité le costé
du quarré.

L 5

PROBLEME
XXII.

Si deux ont proposé entre eux , de dire chascun l'vn apres l'autre alternatiuement vn nombre à plaisir , qui toutesfois ne surpasse point vn certain nombre prefix , pour voir adioustant ensemble les nombres qu'ils diront,qui arriuera plustost à quelque nombre prescrit ; faire si bien qu'on arriue tousiours le premier au nombre destiné.

SOIT 100. le nombre destiné , & que le nombre prefix, qu'on ne peut passer soit 10. si bien qu'il soit permis de dire 10. ou tout nombre moindre. Par exemple le premier die 7. le second 10, qui font 17. puis le premier prenne 5. qui font 22. & le second prenne 8.qui font 30. & ainsi tousiours l'vn apres l'autre alternatiuement prenne vn nombre à plaisir, ne
surpas

surpaſſant point 10. & qu'on adiouſte touſiours
les nombres qu'ils diront, iuſques à ce qu'on
paruienne à 100. & que celuy qui dira le nombre accompliſſant 100. ſoit reputé pour vainqueur. Or pour vaincre infalliblement, adiouſte
1. au nombre qu'on ne peut paſſer, qui eſt icy
10. tu auras 11. & oſte continuellement 11. du
nombre deſtiné 100. tu auras ces nombres. 89.
78. 67. 56. 45. 34. 23. 12. 1. Partant ſi tu com-
mences à dire 1. quel nombre que ton aduerſaire die, il ne te pourra empeſcher de paruenir à
12. & de là à 23. & de là, à 34. & de là, à 45. &
de là, à 56. & de là, à 67. & de là, à 78. & de
là, à 89. & finalement de là, à 100. Dont il
appert que ſi les deux qui ioüent à ce ieu ſça-
uent tous deux la fineſſe infalliblement celuy
qui commence emporte la victoire. Toutesfois
ce n'eſt pas reigle generale, car ſi l'on changeoit
le nombre deſtiné à ſçauoir 100. ou le nombre
qu'on ne peut paſſer à ſcauoir 10. la choſe pourroit aller autrement, comme ie declareray cy-
apres.

DEMONSTRATION.

LA demonſtration de cecy eſt aſſez euidente,
ſi l'on conſidere attentiuement la façon que
i'ay donnee pour former la regle generale. Car en
l'exemple proposé (qui nous ſeruira pour tout
autre) quand tu prens 11. ſurpaſſant d'vn le nombre 10. que l'ō ne peut ſurpaſſer, & que tu l'oſtes
de 100. dont il reſte 89. il appert que ſi tu dis 89.
quoy que die ton aduerſaire, il ne te peut empeſcher de paruenir à 100. Car premierement quäd
il

il diroit le plus grand nombre qu'il puisse dire à sçauoir 10. il ne peut paruenir à 100. d'autant qu'entre 89,& 100. l'interualle est 11. mais il ne paruiendra qu'à 99. & partant il ne te restera qu'vn pour accomplir 100.

Secondement quand il diroit le moindre nombre qu'il puisse dire , à sçauoir 1. tu ne lairras pourtant de gaigner , car il ne te restera que 10. pour paruenir à 100. d'autant que la difference de 89. à 100. estant 11.s'il adiouste 1. à 89. il ne te faudra adiouster que 10.pour parfaire 100.

Finalement quel autre nombre qu'il die entre 1.& 10.il est trop euident qu'a plus forte raisó tu pourras accomplir 100. Pour la mesme cause si de 89.tu ostes 11. dont il reste 78. il appert qu'ayant pris 78. ton aduersaire ne te peut empescher de venir à 89.& pour la mesme raison ayát dit 67. on ne te peut empescher de dire 78. & ainsi de tous les autres nombres assignez qui restent ostant continuellement 11. Doncques la regle est infallible & parfaictement demonstree.

ADVERTISSEMENT.

On peut apporter de la diuersité en la practique de ce ieu.

Premierement à cause que le nombre destiné pour y paruenir, peut estre quel nombre que l'on voudra choisir,par exemple au lieu de 100. on se pourroit proposer 120. & alors les nombres qu'il faudroit remarquer seroyent.109.98.87.76.65.54.43.32.21.10. Où il appert aussi que celuy qui commenceroit gaigneroit infalliblement.

Secondement pource que le nombre prefix que l'on ne peut

peut passer se peut aussi changer à plaisir. Par exemple
voulant tousiours paruenir à 100. on pourroit pour le
nombre prefix choisir 8. & alors les nombres qu'il faudroit remarquer seroyent 91. 82. 73. 64. 55. 46. 37. 28.
19. 10. 1. & celuy qui commenceroit gagneroit aussi.
Mais si l'on prenoit 9. pour le nombre prefix, les nombres à remarquer seroyent 90. 80. 70. 60. 50. 40. 30.
20. 10. Partant il appert que celuy qui commenceroit
pourroit perdre, si l'autre entēdoit le secret du ieu, d'autāt que le premier ne pouuant passer 9. ne pourroit
paruenir à 10. & ne pouuant dire moins que 1. il ne
pourroit empescher que l'autre ne paruint à 10. & partant il ne pourroit empescher qu'il ne paruint à tous les
autres nombres consecutiuement & finalcment à 100.

    Mais il est certain que tous ces ieux ne se font pas
ordinairement auec ceux qui les sçauent desia, ains auec
ceux qui les ignorent. Partant si ton aduersaire nē sçait
pas la finesse du ieu, tu ne dois pas prendre tousiours tous
les nombres remarquables & necessaires, pour gaigner
infalliblement, car faisant ainsi tu descouuriras trop
l'artifice, & s'il est homme de bon esprit il remarquera
tout incontinent ces nombres là, voyant que tu choisis
tousiours les mesmes, mais au commencement tu peux
dire à la volée des autres nombres, iusques à ce que tu
approches du nombre destiné, car alors tu pourras subtilement accrocher quelqu'vn des nombres necessaires de
peur d'estre surpris.

PRO

PROBLEME

XXIII.

Estant psoposé quelque nombre d'vnitez distinguees entre elles, les disposer & ranger par ordre en telle sorte, que reiettant tousiours la neufiesme, ou la dixiesme, ou la tantiesme que l'on voudra, iusques à vn certain nombre, les restantes soyent celles que l'on voudra.

ON à accoustumé de proposer ce Probleme en ceste sorte, Quinze Chrestiens & quinze Turcs se treuuent sur mer dans vn mesme nauire, & s'estant esleuee vne terrible tourmente, le pilote dit qu'il est necessaire de ietter dans la mer la moitié des personnes qui sont en la nef, pour sauuer le reste. Or cela ne se peut faire que par sort; Partant on est d'accord que se rangeans tous par ordre, & contant de neuf, en neuf, on jette chasque neufuiesme dans la mer iusques à ce que de 30. qu'ils sont, il n'en demeure que 15. On demande comment il les faudroit disposer pour faire que le sort tombat sur les 15. Turcs sans perdre aucun des Chrestiens. Pour faire

cecy

cecy promptement, remarque ces deux vers:

Mort tu ne falliras pas
En me liuraht le trespas.

Et pren garde seulement aux voyelles a e i o u. T'imaginant que la premiere a, vaut vn, la seconde e, vaut 2. la troisiesme i, vaut 3. la quatriesme o, vaut quatre, & la cinquiesme u, vaut 5, & d'autant qu'il faut commencer par les Chrestiens, en la premiere syllabe (Mort) la voyelle o te monstre qu'il faut en premier lieu mettre 4. Chrestiens: en la seconde syllabe (Tu) la voyelle u te monstre qu'il faut apres ranger 5. Turcs. Ainsi (ne) signifie 2. Chrestiens; (fal) vn Turc; (li) 3. Chrestiens; (ras) vn Turc (pas) vn Chrestien ; (en) 2 Turcs; (me) 2 Chrestiens; (li) 3. Turcs: (vrant) vn Chrestien; (le) 2 Turcs; (tres) 2. Chrestiens; (pas) vn Turc. La regle generale pour faire le mesme en tout nombre despend de ce que ie diray en la demonstration.

DEMONSTRATION.

VOulant faire ce ieu en quel nombre que ce soit, par exemple en 30. imagine toy 30. vnitez toutes semblables comme celles que tu vois

icy descrites , & commençant à conter par la premiere, marque la neufuiesme ou la tãtiesme que l'õ voudra auec quelque signe comme mettant dessus quelque marque, puis conte despuis celle que tu as marquee, de la mesme facon , & marque aussi la neufuiesme, & continuë à faire le mesme recommençant quãd tu seras au bout, & sautãt toutes celles que

tu

tu auras def-ja marquees, iufques à ce que tu en
ayes marqué le nombre requis, comme en l'e-
xemple propofé, iufques à ce que tu en ayes
marqué quinze ; car alors toutes les vnitez marquees feront celles qu'il faudra rejetter, & les autres, celles qui demeureront. La raifon en eft bien
euidente. Partant fi tu remarques la difpofition
defdictes vnitez, à fcauoir comment les marquees font difpofees parmy les non marquees, tu
feras ayfément vne regle pour quel nombre que
ce foit.

ADVERTISSEMENT.

*Il eft aifé à voir que ce ieu fe peut practiquer fort
diuerfement. Car premierement, le nombre des vnitez
peut eftre tel que l'on veut, par exemple au lieu de 30.
on en pouuoit mettre 40. 50. 60. où plus, où moins. Secondement au lieu de rejetter toufiours la neufuiefme,
on peut rejetter la fixiefme, la dixiefme, ou la tantiefme
que l'on voudra.*

*Finalement au lieu d'en rejetter autant qu'il en de-
meure on peut n'en rejetter que tant peu que l'on voudra, tellement qu'il en demeure d'auantage, ou bien en
rejetter fi grand nombre qu'il en demeure beaucoup
moins, comme en l'exemple donné, fuppofant qu'il y eut
eu dans la nef 6. Turcs feulemens, & 24. Chreftiens, &
que pour defcharger le vaiffeau, il n'en fallu ietter
en mer que la cinquiefme partie des perfonnes à fcauoir
6. on les eut peu difpofer de forte, que le fort fut tombé
feulement fur les 6. Turcs. De mefme s'il y auoit 20.
Turcs, & 10. Chreftiens, & qu'il en falluft ofter les
$\frac{2}{3}$. On les pourroit difpofer en telle façon que les 20.*

Turcs

Turcs s'en iroyent, & les 10. Chrestiens demeureroient.

Or comme i'ay touché en la preface de cette œuure,
c'est par ceste inuentiõ que Iosephe se sauua tres-subti-
lement dans Iotapata ainsi qu'on recueille euidemment
des paroles d'Egesippus touchant ce fait au 3. Liure de
la guerre de Hierusalem. Et bien qu'il ne particularize
pas assez ceste action, toutesfois par ce qu'il dit nous
nous pouuons imaginer comme le tout se passa. Car ainsi qu'il raconte, il y eut 40. Soldats qui se sauuerent auec
Iosephe dans le lac, si bien qu'à conter ledit Iosephe ils
estoient en tout 41. Partant supposons qu'il ordonna
que contant de trois en trois, on tueroit tousiours le troisiesme: il est certain que procedãt de la sorte, tu trouueras
en fin par la regle donnee en la demonstration, qu'il faut
que Iosephe se mit le trente-vniesme apres celuy, par lequel on commençoit à conter, au cas qu'il visast à demeurer en vie luy tout seul. Mais s'il voulut sauuer vn
de ses compagnons, il le mit en sa seziesme place, & s'il
en voulut sauuer encor vn autre, il le mit en la trente-
cinquiesme place.

M

PROBLEME

XXIV.

Plusieurs nombres inesgaux estant propo-
sez, diuiser chascun d'iceux en deux par-
ties, & treuuer deux nombres desquels
l'vn multipliant vne desdictes parties,
& l'autre multipliant l'autre : la som-
me des deux produits se treuue par tout
la mesme.

E Probleme coustumierement se propose
en ceste sorte. Trois femmes vendent des
pommes au marché, la premiere en vĕd 20. la seconde 30. la troisiesme 40. Et elles vendent toutes trois à vn mesme prix, & rapportent chascune la mesme somme d'argent, on demande comme cela se peut faire.

Il est certain que prenant cecy cruëment comme il est proposé, & s'imaginant qu'elles ayent
vendu toutes leurs pommes à vn seul prix, & à
vne seule fois, la chose est impossible, car en ceste
façon il ne peut estre que celle qui à plus grand
quantité de pommes, ne rapporte d'auantage
d'argent. Mais il se doit entendre, quelles vendent

dent à diuerses fois , & à diuers prix , bien qu'à
chasque fois elles vendent chascune à vn mesme
prix. Par exemple mettons que la premiere fois
elles vendent 1. denier la pomme, & qu'à ce prix
la premiere femme vende 2. pommes la seconde
17. la troisiesme 32. Alors la premiere fême aura
2. deniers , la seconde 17. & la troisiesme 32.
Puis supposons qu'à la seconde fois elles vendét
le reste de leurs pommes 3. deniers la pomme,
alors la premiere pour 18. pómes qui luy restent,
aura 54. deniers. La seconde pour 13. pommes qui
luy restent, aura 39. deniers. La troisiesme pour 8.
pommes qui luy restent , aura 24. Or qu'on assemble tout l'argét de la premiere, à sçauoir 2.&
54.& tout celuy de la secôde, à sçauoir 17.& 39.
& finalement celuy de la troisiesme, à sçauoir 32.
& 24. on treuuera que chascune rapporte 56. deniers. Partant il appert qu'en sêblables questiôs,
le tout gist à diuiser les trois nombres proposez
en deux parties , & treuuer deux nombres dont
l'vn multipliant vne desdictes parties , & l'autre
l'autre, la somme des deux produicts soit la mesme par tout. Pour faire cecy i'ay inuenté la regle
suiuante generale & infallible personne par cy-
deuant ne s'en estant aduisé que ie sçache.

Pren les differences du moindre nombre des
proposez auec les plus grands, comme en l'exemple donné pren la difference de 20. à 30.& celle
aussi de 20. à 40. tu auras 10. & 20. Cela fait, regarde quels nóbres ces differences ont pour cô-
mune mesure, comme 2.5.10. & choisis pour tes
multiplicateurs quelques deux nóbres, dôt l'interualle soit 2. où 5. où 10. Côme 1.& 3. où 1.& 6. ou
2.& 7. où 1.& 11. Par exemple choisis 1.& 3. Alors

par l'interualle d'iceux qui eſt 2. diuiſe la differéce de 20. à 40.) à ſçauoir 20.) & par le quotiét 10,
multiplie à part les deux nombres 1. & 3. tu auras 10. & 30. Partant diuiſe le moindre des nombres propoſez à ſçauoir 20. en deux telles parties
que tu voudras, pourueu que la plus grande ſurpaſſe 10. le moindre des deux 10. & 30. Par exéple diuiſe 20. en 3. & 17. & adiouſte 30. à la
moindre, oſte 10. de la plus grande, tu auras 33.
& 7. les deux parties cherchees de 40. ſemblablement pour trouuer les deux parties de 30. tu procederas ainſi. Diuiſe la difference de 20. à 30. (à
ſçauoir 10.) par l'interuale qui eſt entre 1. & 3. (à
ſçauoir par 2.) le quotient ſera 5. qui multiplié
par 1. & 3. donnera 5. & 15. Partant puis que 20.
eſt deſ-ja diuiſé en 3. & 17. adiouſte comme auparauant 15. au moindre & ſouſtray 5. du plus
grand, tu auras 18. & 12. les deux parties de 30.
que tu cherches. Doncques tu as diuiſé les trois
nombres propoſez comme il faut, à ſçauoir le
premier en 3. & 17. le ſecond en 18. & 12. le
troiſieſme en 33. & 7. & multipliant l'vne de ces
parties par 1. l'autre par 3. la ſomme des deux
produicts eſt par tout 54.

Que ſi au lieu de 1. & 3. tu choiſis pour multiplicateurs 2. & 7. par leur intarualle 5, diuiſe la
plus grande difference 20. viendra 4. qui multiplié par 2. & 7. donnera 8. & 28. Partant diuiſe
20. le moindre des nombres propoſez en deux
telles parties, que la plus grande ſurpaſſe 8. par
exemple diuiſe 20. en 8. & 12. & à la moindre
adiouſte 28. de la plus grande oſte 8. tu auras 36.
& 4. les deux parties de 40. ſemblablement par
l'interualle 5. diuiſe la moindre differece 10.

viendra

viendra 2.qui multiplié par 2.& 7.donnera 4. &
14.Partant les deux partis de 20.estant 8. & 12.
adiouste 14. à la moindre & oste 4. de la plus
grande,tu auras 22. & 8. les deux parties de 30.
Doncques les trois nombres sont diuisez comme il faut, le premier en 8. & 12. Le second en
22.& 8.Le troisiesme en 36. & 4. & multipliant
l'vne des parties par 2.l'autre par 7.la somme des
deux produicts est par tout 100.

Que si tu prens pour multiplicateurs 1.& 11.
dont l'interualle est 10,diuise la plus grande difference 20.par l'interualle 10.le quotient sera 2.
qui multipliant 1.& 11.donnera 2.& 22.partant
diuise le moindre des nombres proposez en
deux parties,dont la plus grande surpasse 2.com-
me en 6. & 14. & à la moindre adiouste 22. oste
2.de la plus grande, tu auras 28. & 12. pour les
parties de 40.Et par le mesme interualle 10.diui-
sant la moindre difference 10.vient 1.qui multiplié par 1. & 11. donne 1.& 11. Partant les parties de 20.estant 6.& 14.adiouste 11. à la moindre,oste 1. de la plus grande, tu auras 17. & 13.
pour parties de 30. Donc le premier est diuisé
en 6.& 14.Le second en 17. & 13. Le troisiesme
en 28. & 12. Et multipliant l'vne de ces parties
par 1.l'autre par 11.la somme des deux produits
est par tout 160.

M 3

DEMONSTRATION.

A 20.	B 30	P 2.	Q 108.
C 10.		H 2.	K 18.
D 5.			
E 6.	F 1.	L 12.	M 2.
G 2.		N 14.	O 16.
		R 14.	T 96.

SOyent propo- sez les deux nombres A B. pour les diuiser en la façon requise. Leur differéce soit C. qui soit mesu- rec par le nombre D. & prens deux nombres E. F. dont l'interualle soit D. & diuisant C. par D. soit le quotient G. qui multipliant les deux E. F. produise les deux L. M. & diuisant A le moindre des deux nombres proposez en deux parties H k. telles qu'on voudra, pourueu que de la plus grande K. on puisse soubstraire M. le moindre des deux L. M. & adioustant ensemble H. L. soit la somme N. puis ostant M. de K. soit le reste O. ie dis que N. O. sót les parties de B. qui multiplies l'vne par E. l'autre par F. produisent deux nom- bres, dont la somme est esgale à la somme des deux qui se produisent, multipliant H. K. les par- ties de A. (par la construction) par les mesmes nombres E. F. Car premierement que N. O. joints ensemble soient esgaux à B. Ie le preuue.

Puis que D. est l'interualle des nombre E. F. il est certain que D. F. ensemble sont esgaux au nombre E. Partant par la 1. du 2. le nombre qui se fait multipliant E. par G. à sçauoir L. est esgal aux deux qui se produisent, multipliant par le mesme G. les deux D. F. à sçauoir aux deux C. M. Partant C. est l'interualle des deux L. M. Doncques si aux deux H. k. nous adioutons L, & que nous en ostions M. c'est autant que si aux deux H, k, nous

adioutions

adioutions seulement le nombre C. Or de ceste
addition & de ceste soubstraction prouiennent
les deux N. O, doncques N. O. sont esgaux aux
nombres H k, auec le nombre C. Partant puisque
H. k. sont esgaux à **A**, & que A C, sont esgaux à
B, Il est euident que N O. sont esgaux à B. Ce
qu'il falloit preuuer.

Secondemēt qu'on multiplie H par F, & soit le
produit P. qu'on multiplie k. par E, & soit le produit Q. D'autre costé qu'on multiplie aussi N. par
F, & soit le produit R. qu'on multiplie O par E,
& soit le produit T. Ie dis que les deux produits
P. Q. joints ensemble, sont esgaux aux deux R. T.
Car puisque H L. ensemble sont esgaux à N, Le
nóbre qui se fait multipliāt N par F (à scauoir R)
est esgal aux deux qui se font multipliant par le
mesme F, les deux H L; Or multipliant H par F,
le produit est P, Doncques R. est esgal à P, & au
produit de la multiplication de L. par F. Semblablement puisque k. est esgal aux deux M O. Le
nombre Q. qui se faict multipliant k. par E, est esgal aux deux qui se font multipliant par le mesme E, les deux M O, or multipliant O par E, le
produit est, T, dócques Q. est esgal à T, & au produit de la multiplication de M. par E. Partant R.
Surpasse P. du produit de L par F. & Q. surpasse
T, du produit de M par E. Or ces deux produicts
sont esgaux (car puis que le mesme G multipliāt
E F, produit L M, il y a telle proportion de E à F,
que de L. à M, par conséquent il se produit le
mesme nombre multipliant E par M, & multipliant F par L, par la 19. du 7. Doncques R surpasse P. du mesme nombre, dont Q. surpasse T,
partant il est euident que E. P. ensemble, font la

M 4

mefme fomme que R.T. Ce qu'il falloit demonftrer.

La mefme raifon, & la mefme façon de faire à
lieu fi les nombres propofez font plus de deux:
car felon la reigle on compare toufiours chafcun
des plus grands auec le moindre. Partant la demonftration eft generale.

ADVERTISSEMENT.

*Il faut icy remarquer deux chofes, pour ne tomber
pas en quelque inconuenient.*

*La premiere eft, que comme la queftion fe propofe or-
dinairement, il faut euiter les fraĉtions, & donner la folution en nõbres entiers, qui eft la caufe qu'il eft prefque
neceffaire que les differences des nombres propofez ayẽt
quelque commune mefure, car autremẽt diuifant, comme enfeigne la regle, quelqu'vne des differences par vn
nombre qui ne la mefureroit pas, la quotiẽt ne feroit pas
entier, & partant le plus fouuent en tout le refte de l'o-
peration les fraĉtions fe trouueroient entremeflees. I'ay
dit que cela eftoit prefque neceffaire, car quelquefois il
peut arriuer que bien que les fufdiĉtes differẽces n'ayent
point de cõmune mefure que l'vnité, toutesfois la folution fe peut donner en nombres entiers, pourueu que le
moindre des nombres propofez furpaffe au moins de 2. la
plus grãde difference. Par exemple foyent les trois nombres propofez 20.25.32. bien que les differẽces 5. & 12.
n'ayent point de commune mefure que l'vnité, neantmoins pource que 20. furpaffe de beaucoup 12. on pourra
fort bien foudre la queftiõ, prenãt pour multiplicateurs
deux nombres, dont l'interualle foit 1. cõme 1 & 2. Que
fi tu procedes felon la regle, & que tu faffes 4. & 16. les
deux parties de 20. tu trouueras 14. & 11. pour les*

parties de 25. & 28. & 4. pour les parties de 32. &
toufiours l'vne d'icelles multipliée par 1. l'autre par
2. la somme des deux produicts sera 36.

    La seconde chose digne de remarque est qu'il faut
auec gräd esgard choisir des multiplicateurs döt l'inter-
ualle soit vn nombre mesurant les differences. Car pour
ne tomber point en incöuenient, il faut que lesdicts mul-
tiplicateurs soyët tels que par leur interualle diuisant la
plus grande difference, & par le quotient multipliant le
moindre desdits multiplicateurs, le produit se treuue au
moins moindre de 2. que le moindre des nombres propo-
sez. Partant les nombre proposez estant 20. 30. 40. &
les differences 10. & 20. encor que 2. soit leur commune
mesure, si ne m'est-il pas permis de choisir pour mul-
tiplicateurs tous nombres dont l'interualle soit 2. car si
ie pren 3. & 5. diuisant par l'interualle 2. la diffe-
rence 20. le quotient est 10. qui multiplié par 3. fait
30. qui est plus grand que le moindre des nombres pro-
posez (à sçauoir que 20) partant la question est in-
soluble par ce moyen & la cause de cecy est assez eui-
dente par la reigle donnée, & par la demonstration
d'icelle. Car il faudroit diuiser 20. en deux telles par-
ties, que de la plus grande on peut oster 30. Ce qui
est manifestement impossible. Dont aussi on peut com-
prendre la raison de ce que i'ay dit, qu'il est necessaire
que le moindre des nombres proposez surpasse, pour le
moins de 2. le produit de la multiplication du moin-
dre multiplicateur, par le quotient de la diuision. Car
il faut diuiser le moindre des nombres proposez en
deux telles parties, que de la plus grande on puisse
oster ledit produit. Or la plus grande partie d'vn
nombre (ne voulant point admettre les fractions)
c'est ce qui reste ostant 1. dudict nombre. Par exem-
ple la plus grande partie de 20. sans fraction, c'est 19.

diuisant 20. en 1. & 19. Doncques puis que le produit de la multiplication susmentionné doit estre moindre que 19. il est force que pour le moins il soit moindre de 2. que 20.

» Par tout ce qui a esté dict, on voit assez que ce probleme se peut practiquer en beaucoup de façons differentes, & peut receuoir beaucoup de solutions. Car
premierement sans changer les nombres proposez on
peut bien souuent choisir beaucoup de differens multiplicateurs obseruans les conditions requises. Secondement encore retenant les mesmes multiplicateurs, la
question peut receuoir differentes solutions, selon qu'on
diuisera le moindre des nombres proposez en differentes parties, ce qui se peut faire bien souuent en beaucoup de sortes, car il n'importe en quelle façon on les
diuise, pourueu que la plus grande partie soit tousiours
plus grande, que le produit de la multiplication susmentionné. Troisiesmement, ayant vne fois choisi des
multiplicateurs à propos, & diuisé les nombres proposez en parties propres à soudre la question, retenant
les mesmes parties, tu peux changer de multiplicateurs, prenant deux autres nombres quelconques en
mesme proportion, comme au lieu de 1 & 3 prenant
2 & 6. ou 3. & 9. &c.

Finalement ceste reigle ne s'estend pas seulement à
trois nombres, mais elle se peut practiquer en toute
multitude de nombres, pourueu qu'on obserue tousiours
les conditions requises, car on pourroit proposer tels
nombres, que la solution seroit impossible, comme qui
proposeroit 20. 30. 41.

PRO

PROBLEME
XXV.

De trois choſes & de trois perſonnes pro-
poſees , deuiner quelle choſe aura
eſté priſe par chaſque
perſonne.

MAGINE toy qué des trois
perſonnés l'vne eſt premiere,
l'autre ſeconde, l'autre eſt troiſieſme, & ſemblablement des
trois choſes fais-en vne premiere, l'autre ſeconde, l'autre troiſieſme. Puis prenant 24. gettons donne 1. getton à la premiere perſonne, deux à la ſeconde,
trois à la troiſieſme , & laiſſant les 18. gettons
reſtans ſur la table, permets qu'à ton inſçeu
chaſqúe perſonne prenne celle des trois choſes
qu'elle voudra ; cela fait ordonne que la perſonne qui a pris la premiere choſe , prenne des
gettons reſtans autant que tu luy en as donné,
& que la perſonne qui a pris la ſeconde choſe,
prenne

prenne des gettons restans deux fois autant que
tu luy en as donné ; & que la personne qui a
pris la troisiesme chose prenne des gestons restans, quatre fois autant que tu luy en as donné.
Alors demande le reste des gestons, & pren
garde qu'il n'en peut rester que 1. ou 2. ou 3. ou
5. ou 6. ou 7. iamais 4. Partant pour ces six façons differentes remarque ces six paroles.

Par fer, Cesar, Iadis, deuint, si grand, Prince.

Que s'il reste 1 geston tu te seruiras de la premiere, s'il en reste 2. tu te seruiras de la seconde, s'il reste 3. gettons, tu te seruiras de la troisiesme, s'il reste 5. gettons tu prendras la quatriesme & ainsi consecutiuement. Or pour t'en
seruir tu dois remarquer, qu'en chasque parole
il y a deux syllabes dont la premiere signifie la
premiere personne & la seconde signifie la seconde personne ; semblablement pren garde
aux voielles *a e i.* Car *a.* signifie la premiere
chose, *e* la seconde, *i* la troisiesme, Partant selon que tu trouueras vne de ces voielles en vne
des syllabes, tu dois iuger qu'vne telle chose
est entre les mains d'vne telle personne. Par
exemple supposons qu'il reste 3. gettons & que
partant il te faille seruir de la troisiesme parole *Iadis.* Alors d'autant que la premiere voiel-
le *a* est en la premiere syllabe, tu diras que la
premiere personne à la premiere chose, &
pource que la troisiesme voyelle *i,* est en la seconde syllabe, tu diras que la seconde personne à la troisiesme chose. Et sçachant ce qu'ont
la premiere & seconde personne, tu sçais bien
ce qu'a la troisiesme.

D E

DEMONSTRATION.

IL faut en premier lieu demonstrer que 3 personnes ne peuuent prendre 3 choses qu'en six façons differentes, & cecy se preuue ainsi. Premierement deux personnes prenant deux choses ne peuuent changer qu'en deux façons, car ou la premiere personne à la premiere chose, & la secôde personne à la seconde chose, ou bien la premiere personne à la seconde chose, & la seconde personne à la premiere chose. Cela suppose quand il y a trois personnes & trois choses, quel changement qu'on se puisse imaginer, il faut necessairement que l'vne des trois choses, par exemple la premiere, se treuue entre les mains de la premiere personne, ou de la seconde, ou de la troisiesme. Or la premiere chose estant entre les mains de la premiere personne, les autres deux personnes ne peuuent changer qu'en deux façons, comme i'ay desia preuué : semblablement la mesme chose estant entre les mains de la seconde personne, les autres deux personnes ne peuuent changer qu'en deux façons, & par mesme raison la mesme chose estant entre les mains de la troisiesme personne, les autres deux ne peuuent changer qu'en deux façons. Doncques tous ces differens changemens ne peuuent estre que 2. fois 3. à sçauoir 6. Ce qu'il falloit preuuer. Or que la reigle que i'ay donnee pour signifier chascune de ces six façons soit bonne & infallible, ie le preuue aisément. Car supposons.

Premierement que la premiere personne ait la
premiere

premiere chofe; la feconde perfonne la feconde chofe; & la troifiefme perfonne la troifiefme chofe. Alors felon la reigle, la premiere perfonne prendra 1. des 18. gettons reftans (à fçauoir vne fois autant que tu luy en as donné) la feconde perfonne en prendra 4 (à fçauoir deux fois autant que tu luy en as donné) & la troifiefme perfonne en prendra 12 (à fçauoir quatre fois autant que tu luy en as donné (partant la fomme de tous ces gettons eftant 17. il appert qu'il ne reftera qu'vn getton. Donc en tel cas tu te feruiras fort à propos de la premiere parole *Par fer.* qui monftre vne telle difpofition.

Secondement que la premiere perfonne ait pris la feconde chofe, la feconde perfonne ait pris la premiere chofe, & la troifiefme perfonne la troifiefme chofe. Alors la premiere perfonne prendra 2. gettons, la feconde perfonne en prendra auffi 2. & la troifiefme en prendra 12. & la fomme de tous ces gettons eft 16. qui oftee de 18. refte 2. Partant en tel cas tu te peux bien feruir de la feconde parole *Cefar.*

Troifiefmement que la premiere perfonne ait la premiere chofe, la feconde perfonne ait la troifiefme, & la troifiefme ait la feconde. Alors la premiere perfonne prendra 1. getton, la feconde 8. la troifiefme 6. qui tous enfemble font 15. qui ofté de 18. refte 3. Partant en ce cas tu te feruiras fort bien de la troifiefme parole *Iadis.*

Quatriefmement que la premiere perfonne ait la feconde chofe, la feconde perfonne ait la troifiefme, & la troifiefme perfonne ait la premiere.

miere. Alors la premiere perſonne prendra 2.
gettons, la ſeconde 8. la troiſieſme 3. qui tous
enſemble font 1 3. qui oſté de 1 8. reſte 5. Partant en tel cas tu te peux ſeruir de la quatrieſme
parole *Deuint.*

Cinquieſmement que la premiere perſonne
ait la troiſieſme choſe, la ſeconde perſonne ait
la premiere choſe, & la troiſieſme perſonne ait
la ſeconde. Alors la premiere perſonne prendra
4. gettons, la ſeconde 2. & la troiſieſme 6. qui
tous enſemble fon 1 2. qui oſté de 1 8. reſte 6.
Partant en tel cas tu te peux bien ſeruir de la
cinquieſme parole *ſi grand.*

Sixieſmement que la premiere perſonne ait
la troiſieſme choſe; la ſeconde perſonne ait la
ſeconde, & la troiſieſme perſonne ait la premiere. Alors la premiere perſonne prendra 4
gettons, la ſeconde 4. & la troiſieſme 3. qui tous
enſemble font 1 1. qui oſté de 1 8. reſte 7. Partant en tel cas tu te ſeruiras fort à propos de la
ſixieſme parole. *Prince.*

1.	a.	c.	i.
2.	e.	a.	i.
3.	a.	i.	e.
5.	e.	i.	a.
6.	i.	a.	e.
7.	i.	e.	a.

Que ſi tu veux auoir
deuant les yeux ces ſix
differentes diſpoſitions,
tu les peux voir en la
figure cy appoſee, où
eſt marqué à coſté de
chaſque diſpoſition le
nombre des gettons qui
reſtent.

ADVERTISSEMENT.

Quelques vns pratiquent ce ieu vn peu differem-
ment,

ment , car ils donnent vn getton à la premiere perfonne , deux à la feconde , & quatre à la troifiefme,
partant les gettons reftans ne font que 17. Puis ils
ordonnent que celuy qui à la premiere chofe , prenne
des gettons reftans autant qu'il en a reçeu ; & que
celuy qui à la feconde chofe,
prenne des gettons reftans
deux fois autant qu'il en a;
& que celuy qui à la troifiefme chofe , prenne des gettons
reftans trois fois autant qu'il
en a ; & faifant en cefte façon , ou vrayement il ne refte

o.	a.	e.	i.
i.	e.	a.	i.
2.	a.	i.	e.
4.	i.	a.	e.
5.	e.	i.	a.
6.	i.	e.	a.

point de getton , ou il en refte 1. ou 2. ou 4. ou 5. ou
6. & iamais 3. Pour les difpofitions , il n'y a que la
quatriefme & la cinquiefme qui changent de place, la
quatriefme deuenant cinquiefme , & la cinquiefme
deuenant quatriefme, comme tu peux voir en la figure
cy appofee , & l'experience t'en rendra certain.

Or plufieurs ont l'aiffé par efcrit cy deuant cefte
façon de faire ce ieu en trois chofes. Mais perfonne
que ie fçache n'a encor donné reigle certaine pour faire le mefme en quatre perfonnes & en quatre chofes.
Partant ie veux icy adioufter cefte petite inuention,
& premierement ie fuppofe que les differentes difpofitions de quatre chofes prinfes par quatre perfonnes , ne
peuuent eftre en tout que 24. Ce qui fe preuue aifé-
ment tout ainfi que i'ay preuué cy deffus , que les di-
uerfes difpofitions de trois chofes ne font que 6. Car il
faut de neceffité qu'vne des quatre chofes (comme la
premiere) foit entre les mains de l'vne des quatre perfonnes : & icelle chofe eftant entre les mains de la premiere perfonne , les autres trois ne peuuent changer
qu'en 6. façons comme i'ay preuué cy deffus. Semblablement

blement la mesme chose, estant entre les mains de la
seconde personne, les autres trois peuuent changer en
6. façons seulement, & le mesme aduiendra quand
ladicte chose sera entre les mains de la troisiesme personne, ou de la quatriesme.

Partant il est euident que
toutes ces differentes dispositions, ne peuuent estre que
4. fois 6. à sçauoir 24.

Cela supposé pren 88
gettons, donnant 1. d'iceux
à la premiere personne ; 2.
à la seconde ; 3. à la troisiesme ; & 4. à la quatriesme ; qui tous ensemble font
10. partant il en restera
78. Alors quand chasque
personne aura pris la chose
qu'elle voudra, ordonne que
celuy qui a pris la premiere
chose, prenne des gettans
restans autant qu'il en a, &
que celuy qui a pris la seconde chose prenne des gettons restans quatre fois autant qu'il en a ; & que celuy qui a pris la troisiesme
chose, en prenne seize fois
autant qu'il en a. Puis sans
rien dire de celuy qui a

0.	0.	a.	e.
1.	a.	0.	e.
3.	0.	e.	a.
5.	a.	e.	0.
7.	e.	0.	a.
8.	e.	a.	0.
12.	0.	a.	i.
13.	a.	0.	i.
18.	0.	e.	i.
21.	a.	e.	i.
22.	e.	0.	i.
24.	e.	a.	i.
27.	0.	i.	a.
29.	a.	i.	0.
30.	0.	i.	e.
33.	a.	i.	e.
38.	e.	i.	0.
39.	e.	i.	a.
43.	i.	0.	a.
44.	i.	a.	0.
46.	i.	0.	e.
48.	i.	a.	e.
50.	i.	e.	0.
51.	i.	e.	a.

pris la quatriesme chose demande le reste des gettons ;
car ou il n'en restera point, ou il en restera vn nombre
exprimé par vn de ceux que tu vois icy cottez. Partant selon le nombre des gettons qu'il restera, sers toy

N

de la disposition des voyelles a.e i o qui respond audit
nombre en la figure apposee, & bien que ie ne mette
que trois voyelles en chasque disposition, cela n'importe rien, car sçachant les choses prises par les trois premieres personnes, il est euident que la quatriesme personne ne peut auoir que l'autre chose qui reste. Par
exemple supposons qu'il reste 22. gettons; Regarde les
voyelles qui sont à l'endroit de 22. à sçauoir e. o. i. Car
elles signifient que la premiere personne à la seconde
chose, & que la seconde personne, à la quatriesme
chose, & que la troisiesme à la troisiesme chose, dont
s'ensuit que la quatriesme personne à la premiere chose.

Quant à la demonstration de ceste reigle, elle n'est
point differente de celle que i'ay donnee cy deuant en
trois choses, & trois personnes. Partant ie ne la cou-
cheray point au long pour euiter prolixité.

Que si ie ne forme pas des mots qui expriment ces
differentes dispositions, c'est d'autant que cela seroit
inutile. Car il ne seruiroit rien de sçauoir les diuerses
dispositions si l'on ne sçait les nombres des gettons qui
restent respondans aux dictes dispositions. Or est-il
qu'il est presque impossible de se souuenir de ces nombres
là, pource qu'ils ne gardent ni ordre, ni proportion
entreeux, & que leur multitude offusque la memoire.
Partant il est necessaire à celuy qui voudra practiquer
ce ieu, d'auoir deuant ses yeux la figure apposee, laquelle il pourra escrire en vn morceau de papier pour
s'en seruir au besoing.

On pourra aussi se seruir facilement de ces mesmes
nombres disposez en cercle, contenant au dedans les
quatre nombres 1. 2. 3. 4. signifiant les quatre choses.
Car sçachant le reste des gettons, il faut chercher au
cercle dehors le nombre d'iceluy reste, & prendre le
nombre qui luy respond au cercle dedans, auec les

deux

K

C   B

7 2   50 3   21 1   38 2

12 4   6 0

29   1 4

16 8   2:22

5 4   4:27

8 2

13 8

30

51 3   39

48   3

D

deux nombres suiuants, comme si le reste des gettons
est 43. on prendra 43. au cercle dehors, puis on prendra le 3. qui luy respond au dedans, auec les deux
nombres suiuans, qui sont 4. & 1. Par ainsi ces trois
nombres. 3. 4. 1. ainsi disposez, signifient que quand
il reste 43. gettons, la premiere personne, à la troisiesme chose, la seconde personne, à la quatriesme
chose, & la troisiesme personne à la premiere chose;
dont s'ensuit que la quatriesme personne à la seconde
chose. Mais il se faut prendre garde à la ligne K D,
qui diuise le cercle en deux parties esgales. Car si le

*nombre des gettons restans se treuue en la partie
K. B. D, il faut prendre le nombre qui luy respond
au dedans auec les deux suiuants, contant du mesme
costé, à sçauoir tirant depuis K vers B, & vers
D. comme nous auons monstré le nombre restant estant
43. Mais si le nombre du reste des gettons se treuue
en la partie K C D. il faut conter tout au contraire à
sçauoir tirant despuis K vers C & D. Partant si
le reste des gettons estoit 8. on prendroit 2. & les deux
nombres suiuans du costé de D. à sçauoir 1. & 4.
Ainsi si le reste des gettons estoit 39. on prendroit les
trois nombres 2. 3. 1. mais si le reste des gettons estoit
24. on prendroit 2. 1. 3. & ainsi des autres.*

    *Ie voulois faire fin, quand m'estant tombez entre
les mains trois liures d'Arithmetique de P. Forcadel,
i'ay treuué qu'au troisiesme il traictoit de ce probleme,
& pource que cet Autheur s'attribue beaucoup, &
qu'il pourroit estre que l'esprit du curieux Lecteur
preoccupé de ses vanteries, se lairroit aisément
persuader estre uray tout ce qu'il dit, ie le veux bien
aduertir des fautes que commet en cet endroit ledit
Forcadel.*

    *En premier lieu il se trompe lourdement, quand il
estime que cinq choses se peuuent seulement disposer en
20. façons differentes ; car elles se peuuent disposer en
120. façons comme l'on peut aisément demonstrer par
ce que i'ay dit cy deuant, & le fondement de la demonstration est que puis que 4. choses se disposent en 24
differentes sortes ; cinq choses se disposeront en cinq fois
24 sortes, c'est à sçauoir en 120 façons. Partant si
quelqu'vn suiuant ce que dit Forcadel pensoit faire ce
ieu en cinq choses, & cinq personnes, n'ayant remarqué que 20. dispositions des cinq choses, il pourroit
arriuer en cent sortes qu'il se treuueroit court.*

En

En apres Forcadel se vante de donner reigle generale. *Pour faire ce probleme en tout nombre de choses,*
& *de personnes, qui soit impair, disant qu'on prenne*
autant de nombres en progression Arithmetique, com-
mençante par 1. & *progredissante par* 1. & *d'autre*
costé, qu'on prenne autant de nombres en progression
geometrique double commençante par l'vnité, Mais
ceste reigle est du tout fausse, ce qu'il me suffit de preuuer par l'exemple, que luy mesme choisit de cinq choses, & cinq personnes. Il dit qu'il faut prendre 144.
gettons, & à cause des cinq nombres de la progression
Arithmetique 1. 2. 3. 4. 5. il en faut donner 1. à la
premiere personne; 2 à la seconde; 3. à la troisiesme;
4. à la quatriesme, & 5 à la cinquiesme & restera
129. gettons. Puis à cause des cinq nombres de la progression geometrique double, 1. 2. 4. 8. 16. Il faut
dire que celuy qui prendra la premiere chose, prenne
des 129. gettons restans, vne fois autant qu'il en a &
que celuy qui a pris la seconde chose, en prenne deux
fois autant qu'il en a & que celuy qui a la troisiesme
chose, en prenne 4 fois autant qu'il en a; & que celuy
qui à la quatriesme chose, en prenne 8. fois autant qu'il
en a; & finalement que celuy qui à la cinquiesme chose,
en prenne 16. fois autant qu'il en a: lors à son opinion
selon le reste des gettons on pourra deuiner la chose que
chascun aura prise. Or pour preuuer que ceste reigle
est fausse, supposons que le premier ait la premiere
chose, le second la seconde, le troisiesme la troisiesme,
la quatriesme la cinquiesme, & le cinquiesme la quatriesme. Doncques le premier prendra 1. getton; le
second 4. le troisiesme 12. le quatriesme 64. & le
cinquiesme 40. qui tous ensemble font 121. qui osté de
129. le reste sera 8. en apres posons le cas que le premier ait la premiere chose, le second la troisiesme, le

N 3

troiſieſme la quatrieſme , le quatrieſme la ſeconde , &
le cinquieſme la cinquieſmc , doncques le premier prendra 1. getton ; le ſecond 8. le troiſieſme 24. le quatrieſme 8. & le cinquieſme 80. qui tous enſemble font auſſi
121. qui oſté de 219. reſte 8 comme auparauant.
Partant bien que ces deux diſpoſitions ſoyent differentes , toutesfois il reſte vn meſme nombre de gettons , doncques par ce reſte on ne peut
deuiner infalliblement laquelle c'eſt
des deux , & par conſequent
la reigle de Forcadel
eſt incertaine
& fauſſe.

＊

S'ENSVI

SENSVIVENT

QVELQVES AVTRES

PETITES SVBTILITEZ

DES NOMBRES, QV'ON
propose ordinairement.

I.

Ie demande vn nombre qui estant diuisé
par 2. il reste 1. estant diuisé par 3. il
reste 1. & semblablement estant diuisé
par 4. ou par 5. ou par 6. il reste tousiours 1. mais estant diuisé par 7. il ne
reste rien.

CESTE question se propose
ainsi ordinairement. Vne pauure femme portant vn panier
d'œufs pour vendre au marché, vient à estre heurtee par
vn certain qui fait tomber le
panier, & casser tous les œufs, qui pourtant
desirant de satisfaire à la pauure femme, s'en-

quiert du nombre de ses œufs, elle respond
qu'elle ne le sçait pas certainement, mais qu'elle
est bien souuenante que les côtant deux à deux
il en restoit 1. & semblablement les côtant trois
à trois, ou quatre à quatre, ou cinq à cinq, ou six
à six, il restoit tousiours 1. & les contant sept à
sept il ne restoit rien. On demande comme de
là on peut coniecturer le nombre des œufs.

Il est certain que pour soudre cette question il
faut treuuer vn nombre mesuré par 7. qui surpasse de l'vnité vn nombre mesuré par 2. 3. 4. 5.
6. & puisque 60 est le moindre mesuré par lesdits nombres, & que par consequent il mesure
tout autre nombre mesuré par les mesmes nombres par le corollaire de la 38 du 7. il appert que
le nombre cerché doit estre vn multiple de 7.
surpassant de l'vnité 60. ou quelque multiple de
60. Mais auát que passer outre, il faut remarquer
qu'à fin que la questió soit possible, il est necessaire que chascun des nombres 2. 3. 4. 5. 6. soit
premier au nóbre 7. Ce que ie preuue ainsi. Soit
B. le nombre 7. & soit A quelqu'vn des nombres
susdicts qu'on die n'estre pas premier au nom-

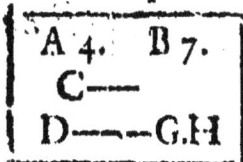

```
| A 4.   B 7.
| C———
| D————G.H
```

bre B. doncques ils auront quelque commune mesure qui soit
C. ie dis qu'il est impossible de
treuuer vn multiple de B. surpas-
sant de l'vnité vn multiple de A. (ce qui toutesfois est necessaire pour soudre la question comme il appert) car si l'on soustient le contraire
soit D H. multiple de B, surpassant D G multiple
de A, de l'vnité G H. Alors puisque C mesure B,
& que B mesure D H; il s'ensuit aussi que C mesure D H. & puisque A mesure D G. & que C
mesure

mesure A , le mesme C doit aussi mesurer D G.
Doneques C mesurant D H, & D G. mesurera
aussi l'vnité restante G H. Ce qui est absurde &
impossible. Il faut donc necessairement que A
soit premier à B, & ainsi tous les autres nombres
sus mentionnez. Ce qu'il falloit preuuer.

En apres il est à noter que si plusieurs nombres
sont premiers à quelque autre nombre, le moindre nombre mesuré par les mesmes nombres est
aussi premier au mesme nombre, par le corollaire de la 20. de ce liure. Partant, il est certain que
60. & 7. sont premiers entre-eux. Doneques pour
soudre ceste question par regle infallible , il faut
auoir recours à ce Probleme qui n'est autre chose que la 18. proposition de ce liure.

Deux nombre premiers entre-eux estant donnez, treuuer vn multiple duquel d'iceux qu'on
voudra, qui surpasse l'autre de l'vnité, ou quelque
multiple de l'autre.

Mais d'autant que la construction de ce Probleme est assez difficile, & la demonstration trop
longue comme i'ay dit en l'aduertissement du 6.
Probleme on pourra tastonnant quelque peu
treuuer le nombre cherché en ceste sorte. Il faut
doubler, tripler, quadrupler & ainsi continuellement multiplier le nombre 60. iusques à ce que
l'on treuue vn nombre qui accreu de l'vnité soit
mesuré par 7. Ainsi multipliant 60. par 5. viendra
300. auquel adioustant 1. on aura 301. le nombre
cherché.

Cardan donne vn autre moyen qui semble vn
peu plus court, bien qu'en sa procedure il commet le vice qui par les Philosophes est appellé.
Petitio principij. Car la regle est telle. Oste 7. de 60.

tant de fois que tu pourras, & prens le reste qui
est 4. Puis cherche vn multiple de 7.qui surpasse
de l'vnité vn multiple de 4 Iceluy est 21.qui passe de l'vnité 20. multiple de 4. diuise 20. par 4.
viendra 5.Doncques si tu multiplies 60.par 5.tu
auras 300. multiple de 60. auquel adioustant 1.
vient 301. multiple de 7. Or qu'en ceste operation on commette le vice que i'ay dit, il est bien
euidét,car on suppose qu'il faut treuuer vn multiple de 7.surpassant de l'vnité vn multiple de 4.
sans en donner le moyen certain , qui est autant
incognu,comme le moyen de treuuer vn multiple de 7.surpassant de l'vnité vn multiple de 60.
Toutesfois ceste regle facilite aucunement l'inuention du nombre cherché , d'autant qu'il est
bien aisé en tastonnant , de treuuer vn multiple
de 7.surpassant de 1.vn multiple de 4.à cause de
la petitesse des nombres 7. & 4. Ce qui est plus
difficile , les nombres estant plus grands,comme
60. & 7.

Quant au reste cela supposé,ceste regle est infallible , car encor que Cardan ne la demonstre
pas,toutesfois la demonstration en est telle.Puis-
que ostant 7.de 60. tant qu'on peut, il reste 4. il
est certain qu'ostant 4.de 60.le nombre restant à
sçauoir 56.est multiple de 7.Or supposons qu'on
ait treuué 21.multiplié de 7.surpassant de l'vnité 20. multiple de 4. & diuisant 20. par 4.soit le
quotient 5.Ie dis que si on multiple 60.par 5. on
aura vn multiple de 60. moindre de l'vnité que
vn multiple de 7. Car multiplier 60. par 5. c'est
autant que multiplier par le mesme 5.les parties
de 60. à sçauoir 56. & 4. & puisque 7. mesure
56.comme il a esté dit, il est certain que le mesme 7.

7.	60.
56.	4.
21.	20.
5.	

me.7. mesureraaussi le produit
de 56.multiplié par 5. Quant au
produit de la multiplication de
4.par 5. c'est le nombre 20. auquel par l'hypothese ne manque
que 1.pour estre multiple de 7. partant joignant
ces deux produits , à leur somme (qui est esgale
au produit de 60.par 5.)il ne manquera aussi que
1. pour estre multiple de 7. Ce qu'il falloit
preuuer.

Pour conclusion prens garde que ceste question n'a pas vne seule solution,car on peut trouuer infinis nombres qui la soudront , ce qui se
fait ainsi.En ayant treuué vn comme 301. prens
le moindre nombre mesuré par 7. & 60. qui est
le produit de leur multiplication, à sçauoir 420.
& adiouste ce nombre à 301. tu auras 721. qui
fait le mesme effet que 301.& si tu adioustes derechef 420. à 721. tu en auras encor vn autre, &
ainsi plusieurs autres sans fin, adioustant tousiours 420. comme il est euident par la 19. de ce
liure.Dont il appert que Tartaglia en la premiere partie l.16. qu.146. doutant si ceste question
peut receuoir plus de deux solutions,n'a pas en-
tendu la regle generale & parfaicte demonstration d'icelle.

I I.

Treuuer vn nombre,qui estant diuisé par 2.
laisse 1. & diuisé par 3. laisse 2. & di-
uisé par 4.laisse 3.& diuisé par 5.laisse
_4._

4.&c diuisé par 6.laisse 5.mais qui diui-
sé par 7.ne laisse rien.

IE A N Sfortunat, & Nicolas Tartaglia en la
premiere p.l.16.q.150.confessent d'ignorer la
regle generale pour soudre cette cy , & toute
semblable question, bien que le premier afferme
de plus temerairement qu'elle ne se peut treuuer, le second se contente d'aduouer ingenue-
ment qu'il ne la sçait pas.

Toutesfois elle n'est point plus difficile que
la precedente. Car puisque il faut treuuer
vn multiple de 7. qui estant diuisé par 2. où par
3.ou par 4. ou par 5.ou par 6. laisse tousiours vn
nombre moindre d'vn que le diuiseur, il est certain qu'il ne faut qu'vn nombre qui soit mesuré
par 2. 3. 4. 5. 6. c'est à dire,qui soit multiple de
60. & qui surpasse d'vn quelque multiple de 7.
Car prenant par exemple 60. il appert que si 59.
estoit multiple de 7. il satisferoit à la question,
d'autant que ledit 59. estant diuisé par lequel
que ce soit des nombres susdits , le reste de la
diuision sera tousiours moindre de 1. que le diuiseur, ce qui se preuue ainsi.Prenons par exemple 5.pour diuiseur.Puisque 5. mesure 60. ostant
5. de 60. le reste 55. sera aussi mesuré par 5. &
puisque l'interualle de 55. à 60. est le mesme 5.
il est euident que de 55. à 59. (qui est moindre
de 1.que 60.) l'interualle sera 4. moindre de 1.
que 5. Partant diuisant 59. par 5. le reste infalliblement sera moindre de 1. que le mesme 5.
Ainsi preuuerat-on le semblable des autres nombres 2.3.4.6.C'est donc chose asseuree que pour
soudre

soudre ceste question , il ne faut que treuuer vn
multiplic de 60.qui surpasse de 1.vn multiple de
7. ce qui se fait certainement par la 18. de ce
liure. Que si l'on trouue la construction de ladicte 18. proposition trop difficile à practiquer,
on pourra faire cemme en la precedente question , & multiplier 60. par 2. 3. 4. &
ainsi continuellement iusques à ce qu'on treuue
le multiple qu'on cherche. Ce qui sera fait tout
incontinent, car doublant 60. viene 120.duquel
ostant 1.reste 119.le nombre cherché.

On peut aussi se seruir de la regle de Cardan
qui est telle. Oste les 7.de 60. & pource qu'il reste 4.treuue vn multiple de 4. qui surpasse 7. ou
vn sien multiple de 1.comme est 8.& diuise 8.par
4.vient 2. Doncques multiplie 60.par 2.tu auras
120.le multiple de 60.surpassant de 1. 119. multiple de 7. La demonstration de cecy est toute
semblable à celle de la precedente, & ceste regle
à la mesme imperfection que i'ay remarquee en
l'autre. Mais ie n'ay point procedé enuers Cardan de si mauuaise foy qu'a fait Buteon, en son
Algebre,car ledit Cardan ayant mis de suitte ces
deux questions en son Aritmethique cap. 66. si
bien que l'vne est la question 63. l'autre la 64. Il
s'est mescomté appliquant à la precedente la regle de cette-cy,& donnant pour ceste-cy la regle
qui sert à la precedente,ce qui luy est aduenu par
mesgarde non par ignorance;& neantmoins Buteon ou par malice,ou pour n'auoir eu l'esprit de
cognoistre ce que ie vien de dire, reprend fort
aigrement ledit Cardan , quoy qu'il n'apporte
rien de meilleur, ains non content de se confes-
ser ignorant , touchant la regle generale pour
soudre

soudre ceste question, il ose affermer non sans
temerité, qu'elle ne se peut trouuer se persua-
dant que personne ne paruiendroit iamais à ce
à quoy il auoit failly bien que son œuure tes-
moigne assez qu'il scauoit plus de Latin, que
d'Algebre, & qu'il s'estoit plus estudié à bien
parler qu'a penetrer les secrets d'vne si haute
science.

Ie ne veux pourtant excuser Cardan en ce qu'il
à dit qu'il est necessaire que le nombre qu'on
suppose deuoir mesurer le nombre cherche(quel
est 7.) en toutes deux ces euestions, doit estre
premier de sa nature, car cela est faux, & suffit
qu'il soit premier à tous les autres, à scauoir és
exemples donnez à 2.3.4.5.6. comme i'ay preuué
en la precedente, ce que ie pourroy monstrer par
cent exemples. Aduertissant de plus le Lecteur,
que ceste question recoit aussi infinies solutions.
Car ayant treuué 119. autant de fois que tu luy
adiousteras 420. autant tu trouueras de nombres
faisans le mesme effect que 119. par la 19. de ce
liure.

I I I.

Deux bons compagnons ont 8. pintes de vin
à partager entre-eux esgallement, les-
quelles sont dans vn vase contenant
iustement 8. pintes, & pour faire leur
partage ils n'ont que deux autres vases
dont l'vn contient 5. pintes, & l'autre
3. On

3. On demande comme ils pourront par-
tager iustement leur vin, ne se seruant
que de ces trois vases.

ON peut soudre ceste question en deux facons. Premierement du vase contenant 8.
qui est plein on versera 5. pintes dâs le vase contenant 5. & d'iceluy on en versera 3. dans le vase contenant 3. & il en restera 2. dans le 5. on
versera puis les trois pintes qui sont dans le 3.
dedans le 8. & on mettra dans le 3. les 2. qui sont
dans le 5. en apres de ce qui est dans le 8. on
remplira derechef le 5. & du 5. on versera vne
pinte dans le 3. ce qui luy manquoit pour
le remplir. Partant il restera iustement 4. pintes dans le vase de 5. & 4. pintes dans les deux
autrer.

Secondement on versera du vase de 8. trois
pintes dans le 3. lesquelles on mettra puis dans
le vase de 5. & derechef du vase de 8. on versera
3. pintes dans le 3. dont on en mettra 2. dans le
5. pour le remplir, & lors il n'en restera qu'vne
dans le 3. en apres on vuidera le 5. dans le 8. &
on mettra dans le 5. la pinte qui est dans le 3. &
des 7. pintes qui se treuuent dans le 8. on en versera 3. dans le 3. Partant il en restera 4. iustement
dans le 8. & 4. dans les deux autres vases.

Or bien qu'il semble que ceste question ne se
puisse soudre par regle certaine, & qu'il y faille
necessairemeut proceder à tastons, toutesfois on
peut par vn discours certain & infallible paruenir à la solution d'icelle, ou descouurir son impossibilité si par hazard on la proposoit impossible,

ble , & de fait sur la question proposee on peut
ainsi discourir. Puisque pour partager 8. pintes
esgalement il faut qu'il y en ait 4. d'vn costé &
4.de l'autre,& il est certain qu'il n'en peut auoir
4.que dans le 5.ou dans le 8. il nous faut procurer l'vn,ou l'autre, voylà donc que ie peux pren-
pre deux differentes routes , & suiuant la premiere ie feray ce discours.Pour faire que dans le
vase de 5.il reste 4.pintes iustement,il faut,ledict
vase estant plein, en oster vne seulement,cela ne
se peut faire qu'en versant icelle pinte dans l'vn
des deux autres à qui il ne faille qu'vne pinte
pour estre plein;cela ne peut arriuer au 8. (car si
le 5.estant plein il ne manquoit qu'vne pinte au
8.pour estre plein , il s'ensuiuroit qu'en tout il y
auroit 12.pintes contre l'hypothese, il faut donc
que ce soit le vase de 3. à qui il ne faille qu'vne
pinte pour estre plein,& partant il faut que dans
iceluy il y ait seulement 2.Or cela se peut imaginer en deux facons. La premiere , si le 3. estant
plein,on peut oster vne pinte d'iceluy,la seconde
si le 5.estant vuide, on y apporte d'vn autre vase
lesdites 2.pintes.La premiere facon ne peut reus-
cir,car il faudroit que le 3.estant plein,il ne má-
quast qu'vne pinte à l'vn des autres vases pour
estre plein , ce qui ne peut arriuer au 5. (car il
faudroit qu'il n'y eut que 4. pintes dans iceluy,
qui seroit supposer ce que l'on cherche) il ne
peut aussi arriuer au 8.(car il faudroit qu'il y eut
7. pintes en iceluy qui jointes auec les autres 3.
feroient en tout 10. pintes contre l'hypothese)
doncques il faut suiure la seconde facon , & apporter d'ailleurs 2.pintes dans le 3. Mais cela ne
peut venir du 8. (car si le 3. estant vuide , il ny
auoit

auoit que 2. pintes dans le 8. quoy que le 5. fut
plein , tout le nombres des pintes ne seroit que
9.contre l'hypothese)il faut donc que les 2. pintes viennent du 5. Or pour faire qu'il n'y ait
que 2. pintes dans le 5. il faut en oster 3. quand
il est plein , ce qui est bien aisé à cause que nous
auons vn vase contenant 3. Partant si l'on re-
brousse chemin , & si l'on reprend le fil du discours despuis la fin iusques au commencement
on treuuera la premiere façon de soudre la
question.

Suiuant l'autre route ie feray ce discours.Pour
faire demeurer 4.pintes dans le 8.il faut en oster
4. Cela se peut imaginer en 3. façons. Premierement ostant les 4.pintes d'vn coup,ce qui est impossible (car il n'y a point de vase contenant 4.)
secondement ostant 2.pintes,& puis 2. autres,ce
qui est aussi impossible (car bien que on puisse
oster 2.pintes,comme i'ay monstré en l'autre discours,où l'on fait venir 2.pintes dans le 5.toutes-
fois cela fait il est impossible d'en oster 2. autres
comme on peut recueillir du mesme discours.)
Troisiesmement ostant 1.pinte.& puis 3. & ceste
façon est fort vray semblable, car si on peut mettre vne pinte dãs le 5. il sera aisé d'en mettre 3.
dans le 3. Or pour faire venir vne pinte dãs le 5.
il faut ou que l'on oste 4. dudict 5. lors qu'il est
plein,ou que l'on y apporte d'ailleurs ladite pinte. Le premier moyen en impossible, car du 5.on
ne peut vuider 4.pintes dans le 3.qui n'en est pas
capable,on ne les peut aussi vuider dans le 8.(car
il faudroit que dans le 8.il y eut des-jà 4. pintes,
& partant tout le nõbre des pintes seroit 9. contre l'hypothese) il faut donc embrasser le second

O

moyen,& apporter d'ailleurs vne pinte dans le 5.
Cela ne peut venir du 8. (car le 5. estant vuide
s'il n'y auoit qu'vne pinte dans le 8. quoy que le
3. fut plein, tout le nombre des pintes ne seroit
que 4.) il faut donc qu'il vienne du 3. Or pour
faire que dans le 3. il n'y ait qu'vne pinte, il faut
en oster 2. quand il est plein. Doncques il faut
qu'à l'vn des autres vases il ne manque que 2.
pour estre plein. Cela ne peut arriuer au 8. (car
autrement tout le nombre des pintes seroit 9.)
Donc il faut qu'il arriue au 5. Et partant il faut
que dans le 5. il n'y ait que 3. pintes. Ce qui se
procure aisément, versant le 3. quand il est plein,
dedans le 5. Doncques reprenant tout ce dif-
cours despuis la fin iusques au commencement,
on trouuera la seconde façon que i'ay donnee
pour soudre ceste question.

Mais pour abreger aucunement ces discours, &
cognoistre incontinent si la question est soluble,
& comment elle se doit soudre , il faut regarder
la difference de la contenuë des deux moindres
vases qui est 2. en l'exemple proposé , & si l'on
treuue par le discours qu'il faut qu'il demeure 2.
pintes en quelque vase, la solution est trouuee,
car du 5. remplissant le 3. il appert qu'il reste 1.
dans le 5. Et l'on voit que l'vn & l'autre des dif-
cours precedens est venu aboutir à cet endroit.
Partant la condition que prescrit Forcadel à ceste questió au 2. Liure de son Aritmethique, n'est
pas necessaire. Car il veut qu'on prenne pour les
deux moindres nombres, deux des nombres prochains en la progression continuelle des nombres impairs, qui commence à 1. 3. 5. 7. 9. &c. &
pour le plus grand, la somme d'iceux : comme en
l'exemple

l'exemple donné nous auons pris 3. & 5. & la
somme d'iceux, à sçauoir 8. Mais encor qu'obser-
uant ceste condition la question soit tousiours
soluble, toutesfois il n'est point necessaire de
choisir tels nombres, ce qu'il me suffit de preuuer par vn seul exemple. Soyent les deux moindres de 5. & de 8. pintes, & le plus grand de 12. il
est euident que 5. & 8. ne sont point deux nombres prochains en la progression des impairs, &
que 12. n'est point la somme d'iceux. Neátmoins
la question se peut soudre. Car supposant que le
vase de 12. soit plein & qu'on le veille diuiser en
deux esgalement, il faut procurer que dans le vase de 8. il se treuue 6. pintes. Or pour ce faire il
faut quand le vase de 8. sera plein, en oster 2. Il
faut donc que le vase de 8. estant plein, il n'en
manque que (2. à vn des autres, ce ne peut estre
au 12. (car autrement tout le nombres des pintes
seroit 18.) Donc il faut que ce soit au 5. Mais pour
faire qu'il n'en manque que 2. au 5. on doit supposer qu'il n'y ait que 3. pintes dans le 5. Ce qui
se peut procurer aisément d'autant que 3. est la
difference entre 8. & 5. Partant tu soudras la question en ceste sorte. Du vase de 12. remplis celuy
de 8. & de celuy de 8. remplis celuy de 5. & verse
celuy de 5. dans celuy de 12. puis verse dans le 5.
les 3. pintes qui sont demeurees dans le 8. &
remplis derechef du vase de 12. celuy de 8. & du
8. verse 2. pintes dans le 5. qui luy manquent
pour estre plein, il en restera infalliblement 6.
dans le vase de 8.

I V.

Trois maris ialoux, auec leurs femmes se
treuuent de nuict au passage d'vne ri-
uiere, où ils ne rencontrent qu'vn petit
batteau sans battelier si estroit qu'il n'est
capable que de deux personnes, on de-
mande comme ces six personnes passe-
ront deux à deux, tellement que iamais
aucune femme ne demeure en compa-
gnie d'vn ou de deux hommes, si son
mary n'est present.

IL faut qu'ils passent en six fois en ceste sorte.
Premierement deux femmes passent, puis l'v-
ne rameine le batteau, & repasse auec la troisiesme femme. Cela fait l'vne des trois femmes rameine le batteau, & se mettant en terre auec son
mary, laisse passer les deux autres hommes qui
vont treuuer leurs femmes. Alors vn desdicts
hommes auec sa femme rameine le batteau, &
mettant sa femme en terre, prend l'autre homme, & repasse auec luy. Finalement la femme qui
se treuue passée auec les trois hommes, entre
dans le batteau, & en deux fois va querir les deux
autres femmes, par ainsi en 6. fois tous passent.

Il semble aussi que ceste question ne soit fondee en aucune raison. Mais toutesfois la condition apposee, qu'il ne faut point qu'aucune femme

me demeure accompagnee d'aucun des hommes
si son mary n'est present, nous peut guider pour
trouuer la solution d'icelle par vn discours infallible. Car il est certain que pour passer deux à
deux, il faut ou que deux hommes passent ensemble, ou deux femmes ou vn homme auec sa
femme. Or au premier passage on ne peut faire
passer deux hommes (car alors vn homme seul
demeureroit auec les trois femmes contre la
condition) donc il est necessaire ou que deux
femmes passent, ou qu'il passe vn homme auec sa
femme, mais ces deux façons reuiennent à vne,
d'autant que si deux femmes passent, il faut que
l'vne rameine le batteau, partant vne seule se
treuue à l'autre riue ; & si vn homme passe auec
sa femme, le mesme aduiendra, d'autant que
l'homme doit ramener le batteau (car si la femme le ramenoit elle se treuueroit auec les deux
autres hommes sans son mary.) Au second passage deux hommes ne peuuét passer (car l'vn d'eux
lairroit sa femme accompagnee d'vn autre homme.) Vn homme aussi auec sa femme ne peut
passer (car estant passé il se treuueroit seul auec
deux femmes) il est donc necessaire que les deux
femmes passent, ainsi les trois femmes estât pas-
sees, il faut que l'vne d'icelles ramene le batteau,
quoy fait. Au troisiesme passage où restent à passer les trois hômes & vne femme, on voit bien
que deux femmes ne peuuent passer, puis qu'il
n'y en a qu'vne. Vn homme aussi auec sa femme
ne peut passer (car estant passé il se treuueroit
seul auec les trois femmes) donc il faut que deux
hommes passent, & allent vers leurs deux femmes, laissant l'autre homme auec sa femme. Or

qui ramenera le batteau ? vn homme ne le peut
faire (car il lairroit sa femme accompagnee d'vn
autre homme)vne femme ne peut aussi. (Car elle iroit vers vn autre homme laissant son mary)
Que si les deux hommes le ramenoient,ce seroit
ne rien faire , car ils retourneroient là d'où ils
sont venus.Partant ne restant autre moyen il faut
qu'vn homme auec sa femme ramene le batteau.
Au quatriesme passage où restent à passer deux
hommes auec leurs deux femmes , il est certain
qu'vn homme auec sa femme ne doit passer (car
ce seroit ne rien faire) les deux femmes aussi ne
peuuent passer (car alors les trois femmes se-
roient auec vn seul homme) donc il faut que les
deux hommes passent. Alors pour ramener le
batteau deux hommes ne peuuent estre emplo-
yez(car ce seroit retourner là d'où ils sont venus) vn homme seul aussi ne peut (car cela fait il
se treuueroit seul auec deux femmes) doncques
il faut que ce soit la femme qui en deux fois
aille querir les deux autres femmes qui restent à
passer , & voyla le cinquiesme & sixiesme passage. Partant en six fois ils sont tous passez sans
enfreindre la condition.

Encor que ces deux dernieres questions soyent comme ridicules, toutesfois ils y a quelque
subtilité à les resoudre , partant ie les ay bien
voulu mettre icy , m'efforçant d'en rendre raison , à fin que ceux qui par cy deuant ont pensé
que cela ne se pouuoit faire:changent d'opinion,
& sçachent que tout effect certain à vne cause
certaine.

En outre i'aduertis le Lecteur que Tartaglia
l. 16. qu.143. s'efforce de faire passer à la mesme
condition

condition 4.maris auec leurs 4.femmes:Mais il fe
trompe, car apres auoir fait paffer les 4.femmes,
il veut qu'vne d'icelles rameine le batteau, &
demeure aupres de fon mary , & que deux des
autres maris paffent vers les 3. femmes qui font
de l'autre cofté. Ce qui eft manifeftement contre
la condition:car il faut de neceffité qu'vne des 3
femmes fe treuue auec les deux hommes qui paffent,fans que fon mary foit prefent. Et de fait la
queftion eft impoffible en 4. les faifant paffer
deux à deux.

V.

Eftant propofee telle quantité qu'on vou-
dra pefant vn nombre de liures defpuis
1. iufques à 40. incluſiuement (fans
toutesfois admettre les fractions) on
demande combien de pois pour le moins
il faudroit employer à cet effect.

IE refpons 4.pois,dont le premier pefe 1. liure
& les autres fuiuent en cötinuelle proportion
triple ; & feront lefdicts quatre pois 1.3.9.27.
Et la proportion triple commençante par 1. à
cefte merueilleufe proprieté que prenant quelque nombre de termes en icelle proportion, on
pourra par autant de pois pefer toute quantité
pefáte quel nombre de liures que ce foit defpuis
1. iufques à la fomme defdicts termes. Ainfi la
fommes des quatre termes 1.3.9.27.eftant 40.ie
dis qu'auec quatre pois , dont l'vn pefe 1. liure,

l'autre 3.l'autre 9.l'autre 27.on pourra peser toute quantité pesante quelque nombre de liures
despuis 1.iusques à 40. De mesme auec ces cinq
pois. 1. 3. 9. 27. 81. dont la somme est 121, on
pourra peser toute quantité pesant vn nombre
de liures,despuis 1. iusques à 121. & ainsi des
autres.

Or bien que ceste proprieté de la proportion
triple qui commence par l'vnité ait esté remar-
quée par plusieurs : toutesfois nul,que ie sçache,
ne s'est encor mis en deuoir d'en donner raison.
C'est pourquoy suyuant ma coustume ie veux
entreprendre de ce faire, Et pour y paruenir ie
suppose ce Theoreme.

*Plusieurs termes estant proposez en conti-
nuelle proportion triple commençante
par 1. Le dernier est esgal au double
de la somme de tous les precedens y adioustant 1.*

LA demonstration de cecy est bien aisée,par-
tant ie ne feray que toucher le fondement
d'icelle.Ce Theoreme en autres paroles dit presque le mesme, que la regle qu'ó dóne pour treuuer la somme de plusieurs nombres continuellement proportionaux,pourueu que le denominateur de la proportion,& le premier & le dernier
terme soyent cognus,laquelle regle est tiree de la
35.du 9.d'Euclide & est telle. Il faut oster le premier terme du dernier,le reste diuisé par vn nóbre moindre de l'vnité,que le denominateur de la
pro

proportion, donnera la somme de tous les termes excepté le dernier. Doncques le dernier
contient le premier, & de plus la somme de
tous les autres precedens autant de fois, qu'il y
a d'vnitez au nombre moindre de 1. que le denominateur de la proportion. Partant en la proportion triple commençante par vn, puisque le
premier terme est vn, & le nombre moindre de
1. que le denominateur 3.est 2. Il faut conclur-
re que le dernier terme contient 1. & le double
de la somme des precedens, qui est iustement
ce que dit mon Theoreme. Celà supposé prenons premierement deux pois à sçauoir 1. & 3.
dont la somme est 4. Il est bien certain qu'il n'y
a pas difficulté de peser par iceux vne quantité
qui soit esgale en pois à quelqu'vn d'iceux, ou à
la somme d'iceux, comme vne quantité pesante
1. ou 3. ou 4. Mais la difficulté est de peser vne
quantité qui pese vn nombre tombant entre
lesdits deux pois, comme vne quantité pesante
2.liures & ceste difficulté se resout par le Theoreme sus allegué, car puisque 3. doit contenir le
double de 1. & de plus 1.si on prend vne quantité dont le pois surpasse de 1. le premier pois 1.
comme fait la quantité pesante 2. il appert par
ledit Theoreme qu'adioustant le pois de 1 à ladicte quantité, on fera vn pois esgal au second
pois, qui est 3.

Secondement qu'on prenne les trois pois 1.3.
9.dont la somme est 13.Ie dis aussi que par iceux
on pesera toute quantité pesante depuis 1. iusques à 13.Car i'ay desia preuué que par les deux
premiers on pesera iusques à 4. Que si l'on propose vne quantité de 5.liures,puisque 5. surpasse

de 1.la somme des deux premiers pois, il appert
par mon Theoreme que si à 5. l'on adiouste la-
ditte somme qui est 4. on fera le dernier pois à
sçauoir 9 Doncques si à la quantité de 5. liures
on ioint les deux premiers pois , cela contreba-
lancera le troisiesme. En apres puisque ce qui
reste despuis cinq à neuf est esgal comme i'ay
preuué à la somme des deux premiers pois , à
sçauoir à quatre : pour peser tout nombre de
liures,entre cinq & neuf,à sçauoir 6.7.8. on pro-
cedera d'vne façon contraire à celle dont on vse
pour peser auec deux pois depuis 1. iusques à 4.
Car puisque 5. liures auec la somme des deux
premiers pois,esgalent le troisiesme comme i'ay
demonstré,il appert que 6. liures auec le second
pois 3.ostant seulement le premier 1.esgaleront
le mesme troisiesme : & 7 liures auec 3. esgaleront le troisiesme 9. auec 1. & 8. liures auec 1.
esgaleront le mesme troisiesme 9. finalement
pour peser despuis 9 iusques à 13. il n'y a nulle
difficulté, à cause que l'interualle n'est aussi que
4.la somme des deux premiers pois,& faut faire
tout de mesme comme pour peser auec deux
pois despuis 1. iusques à 4. & ceste demonstration est vniuerselle , les mesmes raisons ayant
lieu en tout nombre de pois choisis de mesme
façon. C'est pourquoy pour euiter prolixité ie
mettray fin à ceste question, seulement i'aduertis le curieux Lecteur,que la proportion double
commençante par 1. fait bien vn semblable effect , mais non pas auec si peu de pois, car pour
peser par icelle iusques à 31. il faudroit ces cinq
pois 1.2.4. 8. 16. Là ou pour peser iusques à 40
par la proportion triple,il n'en faut que 4. comme i'ay

me i'ay prenué. Toutesfois qui voudra, pourra voir comme en autre subiect, Tartaglia se sert de ceste proprieté de la proportion double en la seconde partie, liure 1. chap. 16. q. 32. Pour toute autre proportion plus grande que la triple, elle ne peut faire cet effect, car par exemple prenant ces trois pois en proportion quadruple 1. 4. 16. auec iceux on ne peut peser 2. liures ni 6. ni 7. ni 8. ni 9. ni 10. & ainsi des autres.

V I.

Souuent on requiert qu'on reduise vne plus haute monnoye en des plus basses de differente valeur, tellement qu'il y ait esgal nombre des vnes & des autres, comme si l'on demande qu'on reduise vn escu en soubz, & en liars, tellement qu'il y ait autant de soubs que de liars.

POur faire cecy, regarde la proportion d'vn sols à vn liard qui est quadruple, & diuise 60. qui est la valeur d'vn escu, en deux nombres, observans la proportion quadruple, ainsi que i'ay enseigné au probl. 14. tu trouueras que ces deux nombres sont 48. & 12. Partant tu peux dire pour soudre la question, qu'il faut 48 soubs, & 12 soubz reduits en liars, qui sont aussi 48. liards. La raison de cecy est bien euidente, car puisque vn soubz est quadruple d'vn liard, & 48 est qua

est quadruple de 12. il est certain que 12 soubz
en liards, sont 48 liards. Que si l'on vouloit reduire vn escu en liars & deniers, d'autant que la
proportion d'vn liard à vn denier est triple, &
qu'vn escu vaut 240 liars, il faut diuiser, 240 en
deux nombres obseruans la proportion triple
qui sont 180 & 60. & on dira que 180 liards, &
60 liars reduits en deniers, qui sont aussi 180
deniers, font la valeur d'vn escu. On pourroit de
mesme reduire la plus haute monnoye en plusieurs plus basses, comme en trois ou quatre. Car
tout ainsi que i'ay enseigné au 14 prob. à diuiser
tout nombre donné en deux, obseruans la proportion donnee, ainsi peut on diuiser le nombre
donné en plusieurs, obseruans les proportions
donnees, côme s'il faut diuiser 60. en trois nombres, que le premier au second ait proportion
sesquialtere, & le second au troisiesme ait proportion double, ie continueray ces proportions
en trois termes, comme en 3.2.1 dont la somme
est 6. par qui diuisant 60. vient 10. qui multipliât
separément les susdits trois termes, donne les
nombres cherchez, à sçauoir 30.20.10. Doncques
si l'on veut par exemple reduire vn escu en deniers, doubles, & liards, tellement qu'il y ait autant des vns que des autres; d'autant que le liard
au double à proportió sesquialtere, & le double
au denier à proportion double ie diuiseray 240
(qui est la valeur de l'escu en liards) en trois
nombres, obseruans lesdittes proportions, qui
seront 120.80.40. Partant ie diray qu'il faut 120
liars, & 80 liars reduits en doubles, qui sont 120
doubles; & quarante liars reduits en deniers qui
sont aussi 120 deniers. Et ceste reigle est si certaine

taine & infallible qu'encor que les nombres des moindres monnoyes viennent entremeslez de fractions, la solution de la question ne laisse d'estre bóne & veritable. Par exemple qui voudroit reduire vn escu en soubz, & en deniers, auec la mesme condition, il faudroit diuiser 60. en deux nombres, obseruans la proportion de 12 à 1. qui feroyent 55 $\frac{5}{13}$ & 4 $\frac{8}{13}$. Partant on diroit qu'il faut 55 soubz & $\frac{5}{13}$ d'vn soubz & autant de deniers; & la solution seroit tres-bonne, car 55 deniers & $\frac{5}{13}$ d'vn denier font iustement 4 soubz & $\frac{8}{13}$ d'vn soubz, qui ioints à 55 soubs & $\frac{5}{13}$ font 60 soubz, la valeur de l'escu.

VII.

Vn homme venant à mourir partage son bien consistant en certaine somme d'escus, à ses enfans, en telle sorte qu'il ordonne que le premier prenne 1. escu, & la septiesme partie du restant, en apres que le second prenne deux escus & la septiesme du reste, & cela fait que le troisiesme prenne 3. escus, & la septiesme du reste, & ainsi consecutiuement des autres. Or le partage fait en céste façon il se treuue que chascun des enfans est esgalement portionné, l'on demande la somme des escus, & le nombre des enfans.

POVR

POvr ſoudre toute ſemblable queſtion prens le denominateur de la partie mentionnee, & d'iceluy oſte 1. le reſte ſera le nombre des enfans, & le quarré dudit reſte, ſera la ſomme des eſcus, & chaſcun aura autant d'eſcus, qu'il y a d'enfans. Comme en l'exemple propoſé, d'autant que la partie mentionnee eſt $\frac{1}{7}$ prens 7. denominateur d'icelle, & en oſte 1. reſtera 6. le nombre des enfans, dont le quarré à ſçauoir 36. eſt la ſomme des eſcus, & chaſcun aura 6. eſcus comme tu peux voir par experience. La demonſtration de cecy eſt telle.

N 18.　M 21.　L 24.　K 28.　H 30.　G 35.　F 36.
E 3.　　D 4.　　C 5.　　A 6.　　B 7.

Soit le nombre B. denominateur de la partie, & ſoit A. moindre de 1. que B : & ſoit encor C. moindre de 1. que A. & ſoit F le quarré de A, & multipliant C par B: ſoit fait G, & multipliant C par A. ſoit fait H. Or puiſque A multipliant ſoymeſme & multipliant C, fait F. & H. & la difference des nombres C A. eſt l'vnité, il s'enſuit que F contient A, vne fois dauantage que ne fait le nombre H, partant A eſt la difference des deux F. H. ſemblablement puiſque C multipliant A. & B, produit H G, & la difference des deux A. B, eſt l'vnité, il s'enſuit que C. eſt la difference des deux H G. Doncques H. eſt moindre que F du nombre A : & le meſme H. eſt moindre que G, du nombre C : par conſequent la difference des deux A C. eſtant 1. il faut que le meſme 1.

ſoit

soit la difference des deux F G. Partant si de F
l'on oste 1. reste G , qui diuisé par B , donne C.
Or il est euident qu'adioustant 1 à C, se fait A,
le costé de F. Doncques la somme des escus
estant F , & le nombre des enfans A , il appert
si le premier prend 1. & la partie du reste denommee de B, qu'il aura vn nombre d'escus
esgal à A , comme dit la reigle. Reste à preuuer
que tous les autres en auront autant suiuant
l'ordonnance du pere, & il est certain que le
premier ayant pris vn nombre esgal à A : il reste
H. car A est la difference des deux F H comme
nous auons preuué. Or qu'on prenne D moindre que C. de l'vnité , & par consequent moindre que A de 2. & multipliant par D. les nombres A.B. soyent faits L. K. Alors puisque la difference de A. & B est 1. il s'ensuit que D est la
difference des deux L. K. & d'autant que le mesme A. multipliant les deux D C. (dont l'interualle est 1.) prouiennent L. & H, il s'ensuit
que A est la difference des deux L. H. Partant
K surpassant L de D : & H surpassant le mesme
L de A, il s'ensuit que H surpasse k du mesme
nombre dont A surpasse D. à sçauoir de 2. Doncques si le second enfant prend 2. du nombre H,
restera K , duquel prenant la partie denommee
de B. viendra D. & puisque D auec 2. fait A : il
appert qu'il aura autant que le premier, à sçauoir vn nombre esgal à A. De mesme façon si
l'on prend E. moindre que D de 1. & par consequent moindre que A de 3. multipliant A. B.
par E & produisant N , M , on preuuera que la
difference entre L. & M est la mesme qu'entre
A & E, à sçauoir 3. Partant si le troisiesme enfant

fant prend 3. du nombre L, restera M. lequel diuisé par B, donnera E. doncques puisque E ioint
à 3. fait A, il appert que le troisiesme enfant aura autant que chascun des precedens, & la mes-
raison sert pour tous les autres, & ne faut point
douter qu'il n'y ait assez d'escus pour faire que
chascun en ait autant qu'il y a d'vnitez en A.
Car le quarré F. doit contenir son costé A. autant de fois qu'il y a d'vnitez audit A.

Ceste reigle se peut practiquer fort diuersement. Car premierement selon qu'on changera
le denominateur de la partie, l'on changera aussi
la solution. Mais il faut prendre garde qu'en la
proposition de la question, il ne soit fait mention que d'vne mesme partie, car si l'on faisoit
mention de diuerses parties, comme si l'on disoit que le premier prenne 1. & la moitié du
reste, le second 2. & le tiers du reste ; & ainsi en
quelque autre semblable maniere, la question
seroit impossible. En outre il ne faut point que
la partie mentionnee ait autre numerateur que
l'vnité, car si l'on proposoit la question en telle
sorte, que le premier deut prendre 1. & ⅔ du
reste, le second 2 & ⅔ du reste, & ainsi consecutiuement, la question seroit aussi impossible.

Secondement l'on peut changer les nombres
que chascun prend, auant que de prendre vne
certaine partie du reste, comme en l'exemple
donné au lieu que le premier prend 1. le second
2. le troisiesme 3. & ainsi consecutiuement : on
pourroit requerir que le premier prit tout autre
nombre, comme 5. mais alors il faudroit que les
nombres des autres, suiuissent en continuelle
progression Arithmetique, dont la difference
fut

fut le mesme 5. Par exemple il faudroit que le
second prit 10. le troisiesme 15. le quatriesme
20.& ainsi des autres,& en tel cas on trouueroit
tousiours le nombre des enfans,comme auparau-
uant ostant 1.du denominateur de la partie:mais
le nombre des escus se treuueroit multipliant le
quarré du nôbre des enfans par 5. à sçauoir par
le nombre que prend le premier , & qui est la
difference de la progression.Comme si l'on veut
que le premier prêne 5. & la septiesme du reste.
Le second 10.& la septiesme du reste:le troisiesme 15. & la septiesme du reste : & ainsi des au-
tres:le nombre des enfans sera tousiours 6.mais
le nombre des escus sera 180. qui se fait multipliant le quarré de 6.à sçauoir 36.par 5.Et chascun des enfans aura 30 escus,à cause que 5.fois
6.sont 30.La demonstration de tout cecy se tire
aisément de ce qui a esté dit , comme ie laisse à
considerer au prudent Lecteur.

Troisiesmement la question se pourroit proposer diuersement si l'on ordonnoit que chasque enfant prit premierement vne certaine partie,& apres vn certain nombre. Comme qui diroit. Le premier prenne la septiesme de toute la
somme , & vn escu de plus ; le second prenne la
septiesme du reste,& 2.escus apres.Le troisiesme
prenne la septiesme du reste, & de plus 3 escus,
& ainsi consecutiuement. Et en tel cas il faut
comme auparauant oster 1. du denominateur de
la partie, & le reste sera le nombre des enfans,
mais le nombre des escus prouiendra, multipliant ledit denominateur par ledit nombre
moindre de 1. qu'on met pour le nombre des
enfans. Comme en l'exemple donné le nombre

P

des enfans sera 6. & le nombre des escus 41. &
chascun aura autant d'escus qu'il y a d'vnitez au
denominateur de la partie à sçauoir 7. La demonstration est facile à treuuer à l'imitation de
la precedente. Mais on doit aussi obseruer pour
faire la question possible, qu'on ne fasse mention que d'vne seule & mesme partie, & l'on
peut semblablement changer les nombres qu'on
prend de plus, pourueu qu'ils se suiuent en continuelle progression Arithmetique & que le
moindre soit esgal à la difference. Comme si
l'on veut que le premier prenne la septiesme de
toute la somme, & 4. de plus, il faut que le second prenne la septiesme du reste, & 8. de plus,
& que la troisiesme prenne la septiesme du reste & 12 de plus, & ainsi des autres. Alors le
nombre des enfans sera 6. comme auparauant,
qu'on treuue estant 1. de 7. Mais pour auoir la
somme des escus, ayant multiplié 6. par 7. il
faut multiplier le produict 42 par 4. qui est la
difference de la progression, & viendra 168. la
somme des escus, & chascun en aura 28: lequel
28 se treuue multipliant 7. par 4.

VIII.

*Trois hommes ont chascun certaine somme
d'escus. Le premier donne des siens aux
deux autres autant qu'ils en ont chascun. En apres le second en donne aux
deux autres autant qu'ils en ont chascun.*

cun. Finalement le troisiesme en donne
aux deux autres autant qu'ils en ont
chascun : cela fait chascun se treuue 8.
escus. On demande combien chascun en
auoit du commencement.

CEste question se resout aisément par vn
discours qui porte auec soy sa demonstration, & qui est tel. Puis que à la fin chascun se
treuue auoir 8. escus, & qu'immediatement auparauant le troisiesme auoit donné au premier,
& au second, autant qu'ils auoyent chascun, il
faut dont que chascun d'iceux n'en eust que 4. &
que le troisiesme en eut 16. Mais le second en
venoit de donner aux deux autres autant qu'ils
en auoyent chascun. Il faut donc qu'auparauant
le premier n'en eut que 2. Le troisiesme 8. & le
second 14. Or cela n'est aduenu qu'apres que le
premier en a donné aux deux autres autant
qu'ils en auoyent chascun. Doncques il conuient dire que du commencement le second en
auoit 7. le troisiesme 4. & le premier 13.

Et remarque que pour soudre generalement
toute semblable question, il faut tousiours prendre des nombres en mesme proportion que 13.
7.4. & 8.car pourueu que cela soit,procedant de
mesme façon tous trois à la fin se treuuerôt esgaux. Partant le nombre auquel se fait l'esgalité
estant donné, il est aisé de trouuer les trois
nombres du commencement, car il ne faut que
diuiser le nombre donné par 8. & multiplier le
quotient par 13.7. & 4. comme si l'on dit faisant

P 2

de la mesme sorte que chascun à la fin se treuue
6. escus diuise 6.par 8.vient ⅟₂. qui multiplié par
13.7.& 4. te donne à cognoistre qu'au commencement le premier auoit 9 ⅟₂. le second 5 ⅟₄. Le
troisiesme 3. Par mesme raison les trois nombres que chascun à du commencement estant
donnez, il est facile de treuuer celuy auquel se
doit faire l'esgalité. Car il est necessaire à fin
que la question soit possible, que lesdicts trois
nombres donnez obseruent mesme proportion
que 13. 7. 4. partant si tu diuises le plus grand
par 13. ou le moyen par 7. ou le moindre par 4.
il viendra par tout vn mesme quotient, qui
estant multiplié par 8. produira le nombre auquel se doit faire l'esgalité. Comme si les nombres donnez estoyent 26. 14. 8. diuisant 26. par
13.ou 14 par 7. ou 8 par 4 vient tousiours pour
quotient. 2. qui multiplié par 8. produit 16. le
nombre auquel se fera l'esgalité.

Or d'icy l'on peut tirer la façon d'vn ieu assez
gentil pour deuiner de trois personnes, combien chascune aura pris de gettons, ou de cartes, ou d'autres vnitez & ce ieu se pourra practiquer en ceste sorte.

Commande que le troisiesme prenne, par
exemple,vn nombre de gettons tel qu'il voudra,
pourueu qu'il soit pairement pair,c'est à sçauoir
mesuré par 4. En apres ordonne que le second
prenne autant de fois 7. que le troisiesme a pris
de fois 4. & que le premier prenne tout autant
de fois 13.Alors commande que le premier donne de ses gettons aux deux autres autant qu'ils
en ont chascun, & puis que le second en donne
aux autres autant qu'ils en auront chascun &
finale

finalement que le troisiesme fasse tout de mesme. Cela fait pren le nombre des gettons duquel que tu voudras des trois (car ils s'en treuueront tous vn esgal nombre) & pren la moitié d'iceluy, ce sera le nombre des gettons qu'auoit le troisiesme du commencement, partant il est aisé de deuiner les nombres des autres, prenant pour celuy du second autant de fois 7. & pour celuy du troisiesme autant de fois 13. qu'il y a de fois 4. au nombre du troisiesme cogneu. Par exemple, que le troisiesme ait pris 12. gettons, alors le second en prendra 21. & le premier 39. & apres que chascun aura donné & receu comme i'ay deuisé, il aduiendra que chacun aura 24. & la moitié de 24 à sçauoir 12. est iustement le nombre du troisiesme Cecy n'est autre en effect que la reigle que i'ay cy deuant donnée. Car le nombre auquel se fait l'esgalité estant cogneu, pour trouuer ce que chascun auoit du commencement, i'ay dit qu'il falloit diuiser ledit nombre de l'esgalité par 8. & multiplier le quotient par 13. 7. & 4. Or est-il certain que diuiser vn nombre par 8. & multiplier le quotient par 4. c'est autant que prendre les quatre huictiesmes du mesme nombre, à sçauoir la moitié.

Mais si l'on me demandoit par quel moyen i'ay treuué que tous les nombres qui peuuent soudre ceste question doiuent obseruer mesme proportion que 4. 7. 13. & par quelle reigle generale on pourroit soudre toutes autres semblables questions, encor que l'on changeat la proportion de ce que chascun doit donner aux deux autres, comme si au lieu de leur donner

vne fois autant qu'ils ont, on requeroit qu'il leur
donnast deux fois, trois fois, quatre fois autant
&c. Ie respós que l'Algebre est celle qui m'a ser-
ui de guide en cecy, & que de l'operatió d'icelle,
on peut finalement tirer la reigle generale de-
mandée. C'est pourquoy pour satisfaire aux plus
curieux, ie veux chercher par ceste voye comme
se peut soudre la questió, supposant que chascun
à son tour donne aux deux autres deux fois autant d'escus qu'ils en ont. Et pour ce faire procedant resolutiuement ie dis que comme ainsi soit
que le troisiesme à la fin donnant à chascun des
autres deux fois autant qu'ils en ont, ils se treuuent tous trois auoir vn mesme nombre d'escus,
il faut que les nombres du premier & secód fus-
sent auparauant esgaux ; partant ie pose que le
premier eust alors 1. ℞. d'escus, & le secód aussi
1. ℞. Et puis qu'il faut que le troisiesme leur dóne
à chascun le double de ce qu'ils ont, doncques il
leur dónera 2. ℞. à chascun. Mais alors tous trois
doiuent auoir vn esgal nombre, & le premier &
secód en ont chascun 3. ℞. dócques le troisiesme
à pareillemét 3. ℞. Partant reprenant 2. ℞. qu'il a
dóné au premier, & 2. ℞. qu'il a donné au secód,
il est necessaire que ledit troisiesme auparauant
que de dóner, eut 7. ℞. le secód 1. ℞. & le premier
2. ℞. aussi. Or est-il qu'immediatemét auparauant
le second vient de donner à chascun des autres,
deux fois autant qu'ils auoyent, & partant il leur
vient de donner les $\frac{2}{3}$ de ce qu'ils ont à present,
à sçauoir $\frac{4}{3}$ ℞ au premier, & $\frac{14}{3}$ ℞ au troisiesme.
Doncques ledit second reprenát ce qu'il a don-
né, il se treuuera qu'auant que donner, le second
auoit $\frac{12}{3}$ Rac. le premier $\frac{2}{3}$ Rac. & le troisiesme

7. Rac.

⅔.Rac.Mais aussi il cóuient cósiderer que le premier immediatement auparauãt a donné à chafcun des autres le double de l'argét qu'ils auoyét,
à sçauoir à chafcun d'iceux les ⅔ de qu'ils ont
maintenant , doncques il a donné au second ¹⁴/₇
Rac. & au troisiefme ⁵⁴/₇ Rac. Partant reprenant
le sien, ie conclus que le premier au commencement auoit ¹¹/₇ Rac. le second ¹⁹/₇ . Rac. & le troisiefme ⅞.Rac. & voyla que la question (pour parler auec Diophante) est solue infiniment, c'est à
dire que tout nombre que l'on prenne pour valeur de la racine, l'appliquant deuëment aux positions, l'on soudra la question. Partant tous trois
nombres que l'on choisira , obseruans la mesme
proportion que 55.19. & 7. ils feront l'effet que
l'on demande, & l'esgalité se fera (si l'on prend
55.19.& 7.) au nombre 27. qui est le cube de 3.
qui surpasse d'vn le denominateur de la proportion de ce que chafcun donne aux autres : ou
bien si l'on prend d'autres nombres que 55.19.
& 7. l'esgalité se fera en vn nombre qui aura la
mesme proportió à 27. qu'auront les trois nombres pris à 55.19.7. que si l'on eut fait vne semblable operation pour la question auparauant
proposee, on eut trouué qu'au commencemét le
premier auoit ¹¹/₇ Rac le second ⅔.Rac. & le troisiefme ⅞ Rac. Par consequent en ce cas-là il est
necessaire qu'on prenne trois nombres obseruãs
la proportion de 13.7. 4. & choisissant les mesmes 13.7.4. l'esgalité se fait au nombre 8. qui est
le cube de 2. nombre plus grand d'vn que 7. denominateur de la proportion de ce que chafcun
donne aux deux autres. Or de ceste operation
ie tire vne reigle generale qui dit ainsi.

Triple le denominateur de la proportion,&
au produit adioufte 1. *tu auras le troi-*
fiefme nombre, *à ce troifiefme nombre*
adioufte 2. *& multiplie le tout par le*
denominateur de la proportion, *& au*
produit adioufte 1. *tu auras le fecond*
nombre. Ioins enfemble le fecond &
troifiefme nombre defia trouuez, à leur
fomme adioufte 1. *& multiplie le tout*
par le denominateur de la proportion,
& au produit adioufte 1. *tu auras le*
premier nombre, *& le nombre auquel*
fe fera l'efgalité fera le cube du nombre
furpaffant d'un le denominateur de la
proportion.

PAr exemple en la premiere queftion où le
denominateur de la proportion eft 1. ie pren
le triple d'iceluy denominateur, à fçauoir 3. auquel i'adioufte 1. & i'ay 4. pour le troifiefme
nombre. I'adioufte 2. à 4. vient 6. que ie multiplie par 1. & au produit adioufte 1. i'ay 7. pour
le fecond nombre. I'affemble 4. & 7. & à leur
fomme i'adioufte 1. vient 12. que ie multiplie
par 1. & au produit i'adioufte 1. i'ay 13. pour
le premier nombre, & le cube de 2. à fçauoir 8.
eft le nombre auquel fe fait l'efgalité.

En la seconde question où le denominateur est
2.le triple 2.& au produict adiouste 1.i'ay 7 pour
le troisiesme nombre i'adiouste 2.& 7. vien 9.que
ie multiplie par 2. & au produit adiouste 1. i'ay
19.pour le second nombre.l'assemble 7.& 19. &
à leur somme adiouste 1.viét 27.que ie multiplie
par 2. & au produit adiouste 1. i'ay 55. pour le
troisiesme nombre , & l'esgalité se fait au nombre 27.qui est le cube de 3. surpassant d'vn le denominateur 2.& la regle sert aussi bié pour toute autre sorte de proportion comme l'experience
fera voir à chascun : car ce n'est pas icy le lieu
d'enseigner demonstratiuement comme i'ay tiré
ceste regle de l'operation de l'Algebre , & que
partant elle est infallible,ie m'en rapporte au iugement de ceux-là qui sçauent comme on tire la
quinte-essence d'vne operation d'Algebre qui a
passé par l'Alembic d'vn esprit bien delié.

IX.

Trois hommes ont à partager 21.tonneaux,
dont il y en a sept pleins de vin , sept
vuides , & sept pleins à demy. Ie de-
mande comme se peut faire le partage,
en sorte que tous trois ayent vn esgal
nombre de tonneaux , & esgalle quan-
tité de vin.

CEste question est proposee par Tarraglia en
la premiere partie,liure 16. q. 130. & encor

P 5

il en propoſe vne ſemblable en la q.131.ſuiuan-
te. Mais ledit autheur ſe contente de donner la
ſolution deſdictes queſtions, ſans enſeigner la regle generale pour ſoudre toutes autres ſembla-
bles, laquelle façon de faire ie repute indigne
d'vn ſi habile Mathematicien. Doncque pour ne
commettre la meſme faute ie dis qu'il conuient
diuiſer le nombre des tonneaux par celuy des
perſonnes,& ſi le quotient ne vient nombre entier, la queſtion eſt impoſſible, comme ſuppoſant
qu'il y ait 21. tonneaux, ſi l'on met 4.perſonnes,
le partage ne ſe peut faire comme l'on requiert,
car afin que le nombre des tonneaux ſe partage
eſgalemét, il faudroit que chaſcun en eut 5 ¼. qui
eſt choſe abſurde, vn tonneau ne ſe pouuant ainſi briſer en pluſieurs pieces. Il faut donc que ce
quotient ſe treuue entier, car c'eſt le nombre des
tonneaux que chaſcú doit auoir. En apres il conuient prendre ledit quotient,& en faire autát de
parties qu'il y a de perſonnes, obſeruant toutesfois que chaſcune d'icelles parties ſoit moindre
que la moitié du ſuſdict quotient. Comme par
exemple les tonneux eſtans 21. & les perſonnes
3.ayant diuiſé 21. par 3. le quotient eſt 7. que ie
coupe en ces trois parties 3. 3. 1. ou bien en ces
trois 2.2.3. dont chaſcune eſt touſiours moindre
que la moitié de 7.Or par le moyen deſdites parties on peut ſoudre la queſtion fort aiſément,
appliquant chaſcune d'icelles à chaſque perſonne. Ainſi ſe ſeruant des premieres qui ſont 3.3.1.
Le premier 3. ſignifie que la premiere perſonne
doit auoir 3.tonneaux pleins & autant de vuides
(car chaſcun en doit touſiours prendre autant
de pleins que de vuides) & par conſequent la
meſme

mesme personne n'en doit auoir que 1. à demy
plein pour accomplir les 7. De mesme le second
3.monstre que la seconde personne doit prendre
3. tonneaux pleins, 3. vuides, & par consequent
1. à demy plein. Finalement la troisiesme partie
1. denote que la troisiesme personne doit auoir
1. tonneau plein, 1. vuide, & par consequent
5. à demy pleins. Par ainsi chascun aura 7. tonneaux, & 3 ½ tonneaux de vin, partant autant
les vaisseaux, comme le vin seront partagez esgalement.

Que si l'on se veut seruir des autres parties de
7.à sçauoir 2.2.3.on trouuera vne autre solution,
& tout aussi bonne, & dirat-on que le premier
doit prendre 2. tonneaux pleins, 2. vuides, & 3.
demy pleins. Le second semblablement 2. tonneaux pleins, 2. vuides, & 3. demy pleins, & le
troisiesme 3.tonneaux pleins,3.vuides& 1.demy
plein, & pource que l'on ne peut en point d'autre façon faire trois parties de 7. dont chascune
soit moindre que la moitié dudit 7. on peut asseurer que le partage en tel cas ne se peut faire
en point d'autre sorte.

Et pour mieux faire voir la certaineté & gene-
ralité de ma regle, prenons l'autre exemple de
Tartaglia où il suppose que le nombre des tonneaux soit 27.& les personnes 3.comme auparauant ie prendray le tiers de 27. qui est 9. & ver-
ray de faire trois pars de 9. dont chascune soit
moindre que la moitié de 9.Or cela se peut faire
en trois differentes façons car les parties de 9.
peuuent estre 3.3.3.ou bien 1.4.4.ou bien 2. 3. 4.
Partant on peut donner trois solutions: car il se
peut faire que le premier prenne 3. tonneaux
pleins,

pleins, 3. vuides, & 3. demy pleins, & tout autant
en prendront le second & le troisiesme. Ou bien
le premier en prendra 1. plein, 1. vuide, & 7. demi
pleins : le second 4. pleins, 4. vuides, & 1. demy
plein: le troisiesme de mesme 4. pleins, 4. vuides,
& 1. demy plein. Ou finalement le premier en
prendra 2. pleins, 2. vuides, & 5. demy pleins: le second 3. pleins, 3. vuides, & 3. demy pleins: le troisiesme 4. pleins, 4. vuides, & 1. demy plein, & en
toutes les trois façons chascun à 9. vaisseaux, &
4 $\frac{1}{2}$ tonneaux de vin. Neantmoins en ce cas Tartaglia n'apporte qu'vne solution d'autant qu'il
ignoroit la regle generale pour soudre toutes
semblables questions.

Que si l'on suppose qu'il y ait 24. tonneaux
dont les 8. soyent pleins, les 8. vuides, & les 8. de-
my-pleins, & qu'il les faille partager de la mesme façon entre 4. personnes ; diuisant 24. par 4.
viendra 6. Partant nous verrons de faire de 6.
quatre parties dont chascune soit moindre que
la moitié dudit 6. Ce qui ne se peut faire qu'en
vne sorte, les parties estant 2. 2. 1. 1. Par ainsi nous
dirons que le partage ne se peut faire qu'en vne
sorte, à sçauoir si le premier en prend 2. pleins, 2.
vuides, & 2. demy pleins: le second aussi 2. pleins,
vuides, & 2. demy pleins: le troisiesme 1. plein, 1.
vuide, & 4. demy pleins: & le quatriesme de mesme 1. plein, 1. vuide, 4. demy pleins. Par ainsi
chascun aura 6. vaisseaux, & la valeur de 3. tonneaux pleins. Ie ne m'estendray pas d'auantage
pour rendre la raison de ceste mienne regle, cela
estant si facile, que tout homme de bon esprit en
viendra bien aisément à bout.

X.

Il y a 41. personnes en un banquet tant hommes que femmes & enfans, qui en tout despendent 40. soubz, mais chasque homme paye 4. soubz chasque femme 3. soubz chasque enfant 4. deniers. Ie demande combien il y a d'hommes, combien de femmes, combien d'enfans.

CEste question à mis en grande peine tous les Aritmethiciens qui ont esté par cy deuant, comme Frere Luc, François Felician, Nicolas Tartaglia, Estienne de la Roche & autres; qui tous se sont efforcez de la soudre par regle certaine, mais toutesfois ne sont point venus à bout de leur dessein, car tous sont d'vn accord que l'on n'en peut sortir qu'en ceste maniere. Posons que tout le nombre des personnes soit de celles qui payent le moins, à sçauoit d'enfans, dont s'ensuit puisque chasque enfant paye 4. deniers, qui font $\frac{1}{3}$ de s. qu'ils payeront en tout $\frac{41}{3}$ s. qui ostez de 40 s. reste $\frac{79}{3}$. qu'il faut garder à part. En apres soubstraisés le moindre prix des deux plus grands, à sçauoir $\frac{1}{3}$ de 3. & de 4. resteront $\frac{8}{3}$ & $\frac{11}{3}$. & puisque ces trois restes $\frac{79}{3}$. $\frac{8}{3}$. $\frac{11}{3}$. sont tous d'vne mesme denomination (car autremét il les y faudroit reduire) nous seruãt des numerateurs seulement, il nous conuient diuiser 79. en deux telles parties, que l'vne soit mesuree par 8. l'autre soit mesuree par 11, ce que

nous

ferons en taſtonnant de ceſte ſorte. Oſtons vne
fois 11.de 79.reſte 68.qui n'eſt pas meſuré par 8.
Partant oſtons 2.fois.11.de 79.reſte 57. qui auſſi
n'eſt pas meſuré par 8. Partant oſtons 3. fois 11.
de 79.reſte 46.qui encore n'eſt pas meſuré par 8.
Doneques oſtons 4.fois 11.de 79. reſte 35.que 8.
ne meſure point auſſi.Oſtons donc 5.fois 11. de
79.reſte 24. qui eſt meſuré par 8. Partant nous
dirons que les deux parties cherchees de 79.ſont
55.& 24.Car diuiſant 55. par 11. le quotient eſt
5.tout iuſte ; & diuiſant 24. par 8.le quotient eſt
3.Doneques nous dirons que le nombre des hômes eſt 5.celuy des femmes 3. dont la ſomme eſt
8.qui oſtee de 41. reſte 33. pour le nombre des
enfans.Que ſi l'on n'eut pas peu faire de 79.deux
pars, dont l'vne eut eſté meſuree par 11. l'autre
par 8. la queſtion eut eſté impoſſible. Et ſi 79. ſe
fut peu diuiſer en deux telles parties en pluſieurs
diuerſes façons, la queſtion eut peu receuoir
tout autant de differentes ſolutions.

Voylà la regle que donnêt les autheurs ſuſdits,
laquelle comme ie ne nie pas qu'elle ne ſoit aſſez
bonne & ſubtile,& fondee ſur raiſon côme l'on
peut voir facilement,ie ſouſtiens auſſi qu'elle eſt
fort imparfaicte, tant parce que en partie l'on y
procede à taſtons, que parce que elle ne touche
pas au fond de ceſte matiere. Car toute ſemblable queſtion propoſee vniuerſellement ſans eſtre
appliquee à aucun ſubjet (ſi elle eſt poſſible) reçoit touſiours infinies ſolutions, comme ſi l'on
diſoit Faictes trois pars de 41.que l'vne multipliee par 4.l'autre par 3.l'autre par 4. la ſomme des
trois produit ſoit 40. Il eſt euident que c'eſt la
meſme queſtion propoſee plus generalement,

car

car icy l'on ne requiert point que les trois parties de 41. soyent nombres entiers,ce qui estoit
auparauant necessaire à cause qu'on ne peut admettre fractions de personnes sans absurdité.
Voyre mesme l'on peut appliquer vne semblable question à tel subject, qu'il ne sera point necessaire que la solution se dóne en nombres entiers,comme si l'on disoit. I'ay acheté 41.Aulnes
de trois differentes estoffes , à scauoir du veloux
à 4.escus l'aulne,du Satin à 3. escus,& de la toi-
le à 20 s. & le tout me couste 40. escus. Ie demande combien i'ay pris de chasque estoffe,
Or en tous semblables cas telles questions re-
coiuent infinies solutions comme ie feray voir
cy-apres,

Doncques pour dire ce qui se peut sur ceste
question , il se faut seruir d'vne mienne inuention,dont i'ay desia touché vn mot en l'aduertissement du septiesme Probleme , laquelle à ceste
occasion i'expliqueray icy briefuement, puisque
ie l'ay declaree plus au long en mes commentaires, sur la 41. question du 4. liure de Diophante. Toutesfois i'aduertis le Lecteur que
s'il n'est expert en l'Algebre , il ne se tra-
uaille pas pour entendre ce qui s'ensuit ; car
ce luy seroit peine perduë , d'autant qu'im-
plorant le secours de ceste diuine science ie discours en ceste sorte.

Soit le nombre des homme 1 ℞. Doncques
celuy des femmes,auec celuy des enfans sera 41-
1 Rac.& puisque chasque homme paye 4. s. tous
les hommes ensemble payeront 4. Rac. de s. &
partant les femmes auec les enfans payeront 40-
4 Rac.Mais d'autãt que chasque femme paye 3.s.

&

& chaſque enfant $\frac{1}{3}$ ſ. Il appert que la ſomme que payent les femmes & les enfans enſemble, à ſcauoir 40-4. Rac.contient le nombre des femmes trois fois, & le tiers du nombre des enfans, & multipliant icelle ſomme par 3. le produit 120-12. Rac. contient le nombre des femmes neuf fois,& vne fois le nombre des enfans ; partant oſtant de là vne fois tant le nombre des femmes que des enfans,à ſcauoir 41-1.Rac.le reſte qui eſt 79-11. Rac. contiendra huict fois le nombre des femmes : doncques diuiſant par 8. nous aurons pour le nombre des femmes $9\frac{7}{8}-1\frac{3}{8}$ Rac.qui oſté de 41-1.Ra.laiſſera pour le nombre des enfans $31\frac{1}{8}$ † $\frac{3}{8}$ Rac. par ainſi nous auõs en termes Algebriques le nombre des hommes qui eſt 1.Rac.celuy des fẽmes qui eſt $9\frac{7}{8}-1\frac{3}{8}$ Ra. Celuy des enfans, qui eſt $31\frac{1}{8}$ † $\frac{3}{8}$ Rac. dont la ſomme eſt iuſtement 41. & ſelon qu'il eſt requis en la queſtion ; les hommes payeront 4. Rac. les femmes $29\frac{5}{8}-4\frac{1}{8}$ Rac.& les enfans $10\frac{3}{8}$ † $\frac{1}{8}$ Rac. dont la ſomme eſt iuſtement 40. Partant il euident que la queſtion eſt ſoluë infiniment (comme dit Diophante) c'eſt à ſcauoir que l'on peut prendre tout nombre pour valeur de la racine, pourueu toutesfois qu'on le puiſſe conuenablement appliquer aux poſitions.

Or pour ce faire i'ay remarqué deux points. Le premier eſt qu'encor qu'õ vueille ſoudre la queſtion generalement ſans ſe ſoucier ſi la ſolution vient en nombres entiers,ou rõpus,il faut neantmoins prendre garde qu'il ne s'enſuiue aucune abſurdité, comme en l'exemple dõné ſi l'on vouloit mettre 7.pour valeur de la racine, il s'enſuiuroit que le nombre des femmes ſeroit moins

que

que rien, car nous auons trouué par force du dif-
cours que le nombre des femmes est 9 ⅞ 1 ¼ Rac.
& partant si l'on prent 8. pour valeur de la racine,
1 ¼ Rac. seront 1 1. qui estant soustrait de 9 ⅞ restera pour le nombre des femmes , moins 1 ⅛.
Doncques pour remedier à tous semblables in-
conueniens ie regarde si quelqu'vn des nombres
de mes propositions est côposé de nombre moins
racine, ou de racine moins nombre, ou si l'vn est
d'vne sorte, l'autre de l'autre, & lors diuisant les
nombres par les racines, s'il y a nombre moins
racine, le quotient est vn terme au dessous duquel il faut prendre la valeur de la racine, & s'il y
a racine moins nombre, le quotient est vn terme
au dessus duquel il faut prendre la valeur de la racine, partant si l'vn des nombres des positions est
composé de nombre moins racine , & l'autre de
racine moins nombre, on a deux termes entre lesquels de necessité se doit prendre la valeur de la
racine exclusiuement. En la question proposée,
pource qu'il n'y a que le nombre des femmes où
se rencontre le signe de moins , il n'y aura aussi
qu'vn terme, qui se treuuera diuisant 9 ⅞ par 1 ¼
& le quotient, à sçauoir 7 ⁴⁄₁₁ sera ledit terme au
dessous duquel tout nombre pris pour valeur de
la racine soudra la question (pourueu qu'on ad-
mette les fractions) que si l'on prend pour la racine 7 ⁴⁄₁₁ ou quelque nombre plus grand, le nombre des femmes se treuuera rien ou moins que
rien.

Mais pour donner vn exemple où se rencontrent deux termes, soit le nôbre des personnes 20
l'argent en tout despendu soit 20. s. & que les
hommes payent 4 s. les femmes ½ s. les enfans ⅓ s.

Lors posant 1. ℞. pour le nombre des hommes;
les femmes & les enfans ensemble serôt 20-1 ℞.
& puisque chasque homme paye 4.s.tous les hômes payeront 4℞.de s.& partant les femmes auec
les enfans payeront 20-4℞.Et d'autant que chasque femme paye ½ s.& chasque enfant ¼ il est certain que le nombre de s. que payent les femmes
est la moitié du nombre des femmes, & le nombre de sols que payent les enfans, est le quart du
nombre des enfans. Doncques 20-4 ℞. contient
la moitié du nombre des femmes, & le quart du
nôbre des enfans,& multipliant tout par 4.vien-
dra 80-16℞. contenant deux fois le nombre des
femmes , & vne fois celuy des enfans , partant
ostons en 20-1 ℞. qui contient vne fois tant le
nôbre des femmes, que celuy des enfans, restera
60-15 ℞.pour le nombre des femmes,qui osté de
20-1℞.restera 14℞-40.pour le nôbre des enfans.
Nous auons doncques 1 ℞.pour les hommes;60-
15 Rac. pour les femmes, 14 ℞-40. pour les enfans , & pource qu'il y a nombre moins racine,
à sçauoir 60-15 Rac.diuisant 60 par 15. le quotient 4. sera le terme au dessous duquel se doit
prédre la valeur de la racine,& d'autant qu'il y a
racine moins nombre , à sçauoir 14 ℞-40. diuisant 40 par 14. le quotient 2. 6/7 sera le terme au
dessus duquel il faut prendre la racine. Partant
tout nombre pris entre 2 6/7 & 4. soudra la question si l'on admet les nombres rompus, & point
de nombre qui ne soit entre ces deux termes ne
sera propre.

Le second point que ie remarque,est pour faire
venir la solution en nombres entiers, lors que le
sujet ne permettra pas qu'on se serue des fractiós,
comme

comme quand on parle des personnes ou d'ani-
maux viuans, qu'on ne peut diuiser en plusieurs
parties sans absurdité, & pour ce faire, si és positions il ne se rencontre aucune fraction la chose
est bien aisée, car on peut prendre pour valeur de
la racine tout nombre entier qui se treuue entre les bornes des termes cherchez par l'artifice
que i'ay enseigné, comment au dernier exemple,
pource qu'en toutes les trois positions il n'y a
aucune fraction, on peut prendre pour la racine
tout nombre entier qui se treuue entre $2\frac{6}{7}$ & 4. &
pource qu'il n'y a que 3. on peut dire que telle
question par nombres entiers n'a qu'vne seule solution & le nombre des hommes est 3. celuy des
femmes 15. celuy des enfans 2. mais si l'on ad-
mettoit les fractions, il appert qu'entre $2\frac{6}{7}$ & 4,
on en peut prendre infinies.

Que si en quelqu'vn des nombres des positions
il se rencontre des fractions, il y a vn peu plus de
difficulté, comme au premier exemple où il y a
des huictiesmes tant au nóbre des femmes qu'en
celuy des enfans. Toutesfois en tel cas ie procede ainsi tres-certainement. Le nombre des enfans
estant $31\frac{1}{3}$ † $\frac{1}{3}$ Rac. pour faire que tãt la racine,
qu'iceluy nombre des enfans se rencontre vn
nombre entier, il est necessaire de prendre pour
la racine vn nombre entier, dont les $\frac{1}{3}$ adioustées à $\frac{1}{3}$ fassent vn nombre entier, & si faut que
iceluy nombre soit moindre que $7\frac{2}{11}$ (qui est
le terme treuué) or cela n'est autre que treuuer
vn nombre au dessous de $7\frac{2}{11}$ qui multiplié par
3. & au produit adioustant 1. la somme soit mesurée par 8. c'est à dire treuuer vn multiple de 8.
qui surpasse d'vn vn multiple de 3. tel toutesfois

Q 2

qu'iceluy multiple de 3. diuisé par 3. donne vn quotient moindre que 7 $\frac{4}{11}$. Or cela n'est autre chose que la 18. proposition de ce liure, par laquelle tu trouueras que 16. est le moindre multiple de 8. que tu cherches, duquel ostant 1. reste 15. multiple de 3. & parce que diuisant 15. par 3. le quotient 5. est moindre que 7 $\frac{4}{11}$ tu peux prendre 5. pour valeur de la racine, & l'appliquant aux positions, tu diras que le nombre des hommes est 5. celuy des femmes 3. celuy des enfans 33. Que si par la 19. de ce liure, tu vas chercher tous les autres multiples de 8. surpassans de l'vnité, les multiples de 3. tu n'en treuueras aucun autre qui soit propre à soudre la question, car diuisant le multiple de 3. par 3. le quotient sera tousiours plus grand que 7 $\frac{4}{11}$. Par consequent tu pourras asseurer, que cette question n'a qu'vne solution en nombres entiers.

Il pourroit aussi arriuer qu'au lieu de se seruir de la 18. de ce liure, il faudroit employer la 21. comme si en l'vne de tes positions tu rencontrois ces nombres 12 $\frac{1}{2}$ † 7 $\frac{1}{4}$ ℞. Car alors tu serois reduit à chercher vn multiple de 5. qui surpassast de 3. vn multiple de 4. ce que tu ferois par la susdite 21. proposition de ce liure. Cela suffit quát à ceste question : que si quelqu'vn en veut sçauoir dauantage, & apprendre comme par la mesme inuention, on peut soudre les reigles d'alligation, & treuuer tousiours infinies solutions ; ce que personne deuant moy n'a iamais enseigné, qu'il aille voir mon commentaire sur la 41. question du 4. liure de Diophante. Là il apprendra aussi comme il faut proceder en toutes questions de semblable nature, lors qu'on propose à diuiser

vn

vn nombre donné en 4. ou en plusieurs parties,
qui multipliées par autant de differens nombres
donnez, facent des produits, dont la somme soit
aussi vn nombre donné. Mais outre tout ce que
i'ay dit en ce lieu là, pour faire voir la beauté
de mon inuention, en comparaison de ce qu'ont
escrit sur ce subiet, les plus habiles Arithmeti-
ciens qui n'ont deuancé ; il faut que i'adiouste
icy pour conclusion de ce liure, ce que i'ay
treuué en examinant les deux dernieres questions du liure 17. de la premiere partie de
l'Arithmetique de Tartaglia. En la premiere
il propose à diuiser le nombre 100 en quatre nombres entiers, tellement que multipliant le premier par 3. le second par 1. le troisiesme par $\frac{1}{3}$, le quatriesme par $\frac{1}{4}$, la somme
des produits soit aussi 100. & donne vne seu-
le solution, mettant le premier nombre 19. le
second 22. le troisiesme 51. le quatriesme 8.
aduoüant encore, qu'il ne sçait point soudre
des semblables questions, qu'en y procedant à
tastons ; là ou ie treuue par vn discours infallible, & fondé en bonne demonstration, que ceste question ainsi proposee, peut receuoir infinies solutions en admettant les fractions, à cause
qu'on peut mettre pour le premier nombre,
tout nombre moindre que 25. Mais en nombres
entiers, elle reçoit 226 solutions, à cause qu'on
peut mettre pour le premier nombre, tout nombre plus grand que l'vnité, & qui ne surpasse
point 24. & mettant le premier nombre 24. on
peut donner 3 solutions. Le mettant 23. on en
peut donner 7. Le mettant 22. il y a 11 solutions. Le mettant 21. il y en a 15. Le mettant

Q 3

20. il y en a 19. Le mettant 19. il y en a 18. Le
mettant 18. il y en a 17. Le mettant 17. il y en
a 16. Et ainsi consecutiuement diminuant tousiours d'vne, iusques au nombre de 2. lequel
estant mis pour le premier nombre, ne donne
qu'vne solution. I'aurois crainte d'ennuyer le
lecteur, & encor plus l'imprimeur, si ie voulois icy coucher par ordre toutes les susdictes
226 solutions : mais pour ne point frustrer entierement les plus curieux de leur attente, ie
rapporteray seulement les 18 qui se treuuent,
mettant le premier nombre 19. comme Tartaglia le met, & tu verras que la solution de Tartaglia est iustement la seconde.

19	19	19	19	19	19	19	19	19
23	22	21	20	19	18	17	16	15
54	51	48	45	42	39	36	33	30
4	8	12	16	20	24	28	32	36

19	19	19	19	19	19	19	19	19
14	13	12	11	10	9	8	7	6
27	24	21	18	15	12	9	6	3
40	44	48	52	56	60	64	68	72

La seconde question de Tartaglia est. Diuiser
200 en cinq nombres entiers, tellement que
multipliant le premier par 12. le second par 3. le
troisiesme par 1. le quatriesme par $\frac{1}{2}$. le cinquiesme par $\frac{1}{3}$. la somme des produits soit aussi 200.
& ledit autheur se tient bien glorieux d'auoir
peu trouuer vne solution, à sçauoir mettant le
premier 6. le second 12. le troisiesme 34. le quatriesme 52. le cinquiesme 96. Mais ie veux que
le lecteur s'estonne, quand il verra que i'asseu-
re, que ceste question reçoit 6639 solutions,

toutes

toutes par nombres entiers , d'autant qu'on peut mettre pour le premier nombre , tout nombre moindre que 11 ⅓. & mettant ledit premier nombre 11. il y a 3 ſolutions. Le mettant 10. il y en a 60. Le mettant 9. il y en a 200. Le mettant 8. il y en a 388. Le mettant 7. il y en a 571. Le mettant 6. il y en a 704. Le mettant 5. il y en a 832. Le mettant 4. il y en a 914. Le mettant 3. il y en a 977. Le mettant 2. il y en a 985. Le mettant 1. il y en a 1005. Que s'il me falloit rapporter icy toutes leſdictes ſolutions en particulier , elles rempliroient plus d'vne vingtaine de pages,ce qui ſeroit trop ennuyeux. C'eſt pourquoy ie me contenteray de coucher icy toutes celles qui ſe trouuent , en mettant le premier nombre 6. & le ſecond 12. comme fait Tartaglia, leſquelles ſolutions ſont en tout 44. comme l'on peut voir.

6	6	6	6	6	6	6	6	6	6	6
12	12	12	12	12	12	12	12	12	12	12
46	45	44	43	42	41	40	39	38	37	36
4	8	12	16	20	24	28	32	36	40	44
132	129	126	123	120	117	114	111	108	105	102

6	6	6	6	6	6	6	6	6	6	6
12	12	12	13	12	12	12	12	12	12	12
35	34	33	32	31	30	29	28	27	26	25
48	52	56	60	64	68	72	76	80	84	88
99	96	93	90	87	85	81	78	75	72	69

6	6	6	6	6	6	6	6	6	6	6
12	12	12	12	12	12	12	12	12	12	12
24	23	22	21	20	19	18	17	16	15	14
92	96	100	104	108	112	116	120	124	128	132
66	63	60	57	54	51	48	45	42	39	36

6	6	6	6	6	6	6	6	6	6	6
12	12	12	12	12	12	12	12	12	12	12
13	12	11	10	9	8	7	6	5	4	3
136	140	144	148	152	156	160	164	168	172	176
33	30	27	24	21	18	15	12	9	6	3

F I N.

PAg. 14. ligne. 14. le nombre D C. Cor. le nombre C.
Pag. 18. lig. 2. le restant E G. Cor. le restant F G. Item
lig. 18. Puisque E H. Cor. Puisque F. H. p. 58. lig. 14. pairement par. Cor. pairément pair. p. 74. lig. derniere. que le
produit Cor. que G est le produit. pag. 183. lig. derniere, que
E P. Cor. que Q P.

www.ingramcontent.com/pod-product-compliance
Lightning Source LLC
Chambersburg PA
CBHW060347200326
41519CB00011BA/2055